口絵1 オリオン座

口絵2 GW150914の到来方向を表すスカイマップ

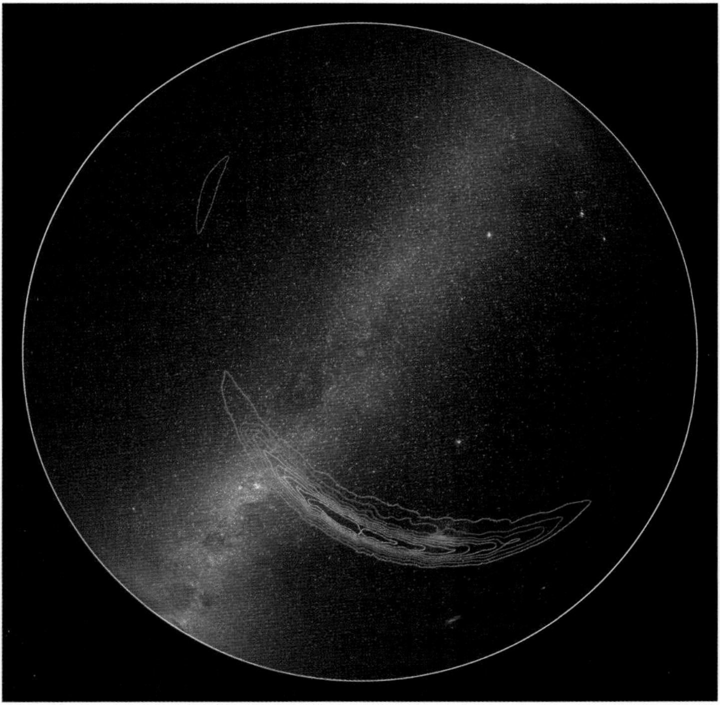

口絵1
オリオン座
(yoko_ken_chan: isTock)

重力波観測と
対応天体

口絵2
GW150914の到来方向を
表すスカイマップ
(LIGO / Axel Mellinger)

口絵3
GW170817の
可視光・赤外線対応天体
(国立天文台／名古屋大学)

口絵4
可視光・赤外線の
明るさの時間変化

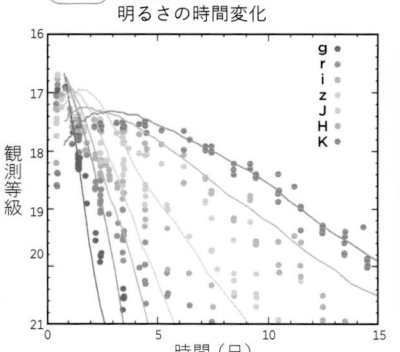

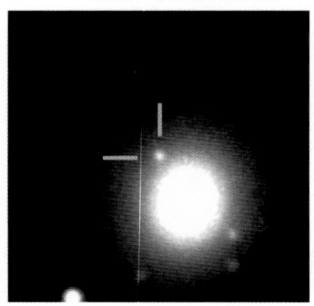

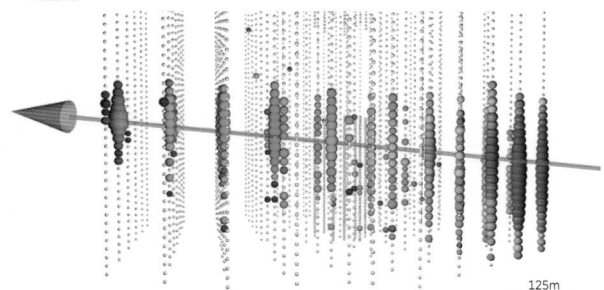

125m

ニュートリノ観測と
対応天体

口絵5
IceCube-170922A

口絵6
IceCube-170922Aの
ガンマ線対応天体

（口絵5、6ともに IceCube
Collaboration, et al. 2018, Science,
361, eaat1378）

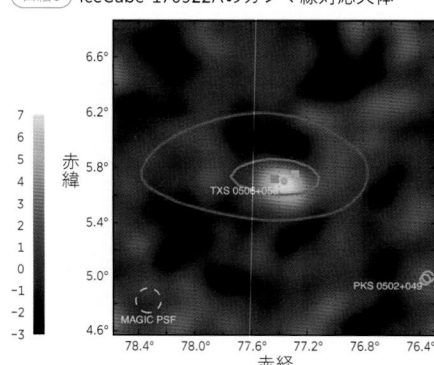

マルチメッセンジャー天文学が捉えた
新しい宇宙の姿

宇宙の物質の起源に迫る

田中雅臣　著

ブルーバックス

装幀／芦澤泰偉・児崎雅淑

本文デザイン／浅妻健司

カバー写真／LIGO／Axel Mellinger

まえがき

天文学は今大きな変革期を迎えています。古くから人類は、宇宙からやってくる様々なシグナルを観測することで、宇宙の歴史や成り立ちを理解してきました。20世紀まで、このシグナルとして主に使われていたのは「光」、すなわち「電磁波」でした。人間の目で見る光を使った観測を皮切りに、20世紀には赤外線、電波、X線といった様々な波長の電磁波を使った天文学が花開きました。さらに近年、私たちは宇宙からやってくる「重力波」や「ニュートリノ」など、光以外のシグナルも駆使して宇宙を研究できるようになっています。これら全てのシグナルを組み合わせることで、いままで解明できなかった宇宙の謎に迫ることができるのです。このように、宇宙からやってくるあらゆるシグナルを総動員した新しい天文学は、「シグナルを伝えるもの・伝達者」という意味の「メッセンジャー」という言葉を使って、「マルチメッセンジャー天文学」と呼ばれています。

例えば、2015年には重力波望遠鏡LIGO（ライゴ）によって、宇宙からやってきた「重力波」が史上初めて捉えられました。さらに、2017年には重力波を放った天体が、光を捉える通常の望遠鏡でも観測されました。2011年からは南極に設置されたIceCube（アイスキューブ）観測所が宇宙から

やってくる「ニュートリノ」を観測しており、その後、2017年にはニュートリノを放った天体の候補が通常の望遠鏡でも捉えられました。このように、まさにいま人類は宇宙を観測する全く新しい手段を手にしたのです。そして、それらのシグナルを全て駆使することで、宇宙で何が起きているのかを探ることができるようになったのです！

私にとってのマルチメッセンジャー天文学は、驚きと戸惑いとともに静かに始まりました。

2015年9月16日、重力波が観測されたという速報が重力波望遠鏡LIGOから届きました。その速報には、「重力波を放った天体はこの中のどこかにいるはずだから、その場所を探して欲しい」というメッセージとともに、図にある宇宙空間の広大な地図が添えられていました。私たち天文学者にとって、これはまさに「宝の地図」です。そして、今思えばこの瞬間が全く新しい天文学の始まりでした。この

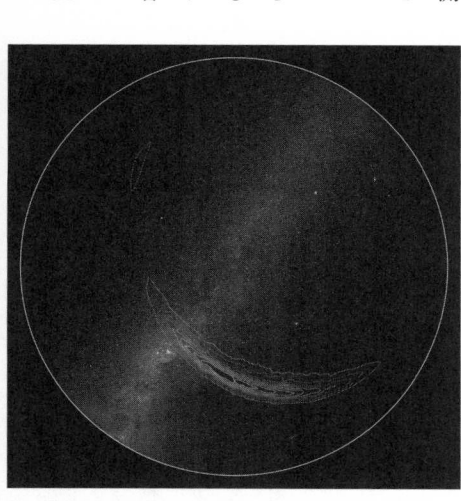

**図　初めて観測された重力波の
　　　到来方向を表す「地図」**
等高線で示された領域が、重力波がやってきた確率が
高い領域を表す。カラー写真は口絵2を参照。
(LIGO / Axel Mellinger)

世紀の瞬間が、なぜ感動ではなく驚きや戸惑いをもたらしたかは、本書を読み進めていただければ分かってもらえると思います。

この重力波の検出は2017年のノーベル物理学賞の対象にもなり、本書を手にとってくださった読者の皆さんの中にも、聞き覚えのある方が多いのではないでしょうか。しかし、重力波を観測できるようになって、私たちは宇宙の何を知ることができるようになったのでしょうか？重力波とニュートリノ、電磁波を組み合わせたマルチメッセンジャー天文学によって私たちの宇宙の理解はどのように進むのでしょうか？ 本書は、この新しいマルチメッセンジャー天文学によって明らかにつつある宇宙の姿をご紹介します。

本書では、まず1部でマルチメッセンジャー天文学の準備として、様々な種類の電磁波で見た宇宙の姿について説明します。2部ではマルチメッセンジャー天文学のメインターゲットとなる超新星爆発や星の合体現象など、様々な宇宙の爆発現象を紹介します。3部では、天文学に新しく加わった重力波とニュートリノの観測について簡単に説明し、最後の4部でマルチメッセンジャー天文学で見えてきた新しい宇宙の姿について紹介します。

私はこのような時期に天文学の研究に携わることができて、とても幸運に思っています。20

17年には、重力波を放った天体が初めて光で捉えられた瞬間に現場で立ち会うことができました。そのときに、「重力波と電磁波の情報を組み合わせることで、こんなにたくさんのことが分かるんだ！」と大きく興奮したのをよく覚えています。本書を読み終わった後に、読者の皆さんとそのような興奮を少しでも共有できれば幸いです。

目次

4部 マルチメッセンジャー天文学

1部

様々な「目」で見る宇宙

1章──宇宙を「見る」

夜空を見上げると綺麗な星々を見ることができます。天文学では、様々な望遠鏡を用いて宇宙を詳しく観測することで、宇宙に存在する星や銀河などの天体、さらには宇宙全体の性質や歴史が研究されてきました。では、なぜ星は「見える」のでしょうか? そもそも私たちが「見る」というのはどういうことでしょうか?

本章では、マルチメッセンジャー天文学の真髄を味わうために、まずは宇宙を「見る」とはどういうことかを考えていきましょう。

1·1 星を見る

夜空には星が輝いています。この美しく、そして当たり前の光景について、もう少し深く考えてみましょう。なぜ私たちは星を見ることができるのでしょうか? それは、星が放つ「光」が

星

惑星

照明

本

図1-1　私たちがものを見る仕組み

私たちの目に届くからです。夜空に浮かぶ星々は、その多くが太陽のように明るく輝いています（本書では「星」というときは、自ら輝く「恒星」を指すことにします）。その光が宇宙空間を伝わり、最終的に私たちの目に届くため、私たちは星を「見る」ことができるのです（図1-1）。火星や木星、土星などの惑星は、自ら光るのではなく太陽の光を反射していますが、その反射した光が私たちの目に届くことで「見える」という意味では同じです。

星からの光に限らず、私たちがものを見る仕組みは同じです。例えば皆さんは今白い紙の上の黒い文字を読んでいるはずです。これらはなぜ「見える」のでしょうか？　白い紙が見える理由は、おそらく部屋に明かりがついていて（もしくは昼間の太陽の下にいて）、その光を紙が反射しているためです。カーテンを閉めて明かりを消してみてください。白い紙は見えなくなってしまうはずです。これは、紙からの光が目に届かなくなるためです。文字が黒く見える理由は、黒色インクが光をあまり反射しないため、そこだけ暗く見えるからです。

では次に、「光」とはなにかを考えてみましょう。星からは一体何が飛んできているのでしょうか？　「光」というのは日常生活であまりに

13

もありふれているため、それが何かを意識することは少ないかもしれません。光の正体は「電磁波」という波です。その中でも、私たちが見ている光は波長が400〜800ナノメートル（nm）程度の電磁波です。「ナノ」は10億分の1（10^{-9}）を表す単位ですので、例えば600 nmは0・0000006 m（指数で書くと$6×10^{-7}$ m）です。私たちの髪の毛の太さが0・05 mm程度、すなわち0・00005 m（$5×10^{-5}$ m）程度ですので、私たちが見ている光は、髪の毛の太さの100分の1程度の波長をもっている電磁波です。

私たちの目は非常に優れた電磁波検出装置で、光の波長の微小な違いを感じ取ることができます。例えば、波長が600 nm程度の光は、視神経を通って脳の中で黄色として認識されます。そして、波長が短いと青っぽく、波長が長いと赤っぽく見えるのです。つまり、私たちが見ている様々な「色」は、電磁波である「光」の波長の違いなのです（図1−2）。昼間の青空からは波長の短い電磁波がたくさんやってきており、夕焼けの空からは波長の長い電磁波がやってきています。

では人間の目はどんな電磁波も捉えることができるのでしょうか？ その

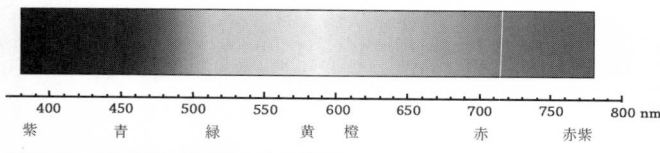

	400	450	500	550	600	650	700	750	800 nm
	紫	青		緑	黄 橙		赤		赤紫

図1−2　可視光の波長と色の関係

答えは「ノー」です。例えば、赤い光の波長よりも長い波長の光、具体的には波長が約800nmを超えると、私たちはその電磁波を「見る」ことができなくなってしまいます。私たちの目にはそのような電磁波を捉える能力がないためです。同様に、波長が約400nmよりも短い波長の電磁波も、私たちは感じることができません。しかし、私たちの身の回りにはそのように人間の目では捉えられない波長の電磁波が存在しています。そして、宇宙に存在する様々な天体からも、そのような様々な波長の電磁波がやってきています。

1-2　様々な電磁波

電磁波は、その波長によって様々な名称がつけられています。例えば、携帯電話の通信に使われる「電波」は、目に見える光よりも波長がずっと長い電磁波のことです。また、レントゲン撮影に使われる「X線」は波長がより短い電磁波のことです。図1-3は電磁波の波長とその名称を表しています。　紫外線、赤外線などそれぞれの名称は皆さん聞いたことがあると思います。私たちが目で見ることができる電磁波は「可視光」（または可視光線）と呼ばれていますが、それは電磁波の中のほんの一部でしかありません。ちなみに、太陽から放たれている電磁波の大部分は可視光です。これは私たちの目が可視光を捉えるようになったことと無関係ではありません。

太陽が可視光を放射しているため、その周りで暮らす地球上の動物の多くが、可視光に適応するようになるのは自然なことだといえます。

電磁波の波長が異なると、その性質も大きく異なります。

ここで高校で習った波の波長と周波数の関係を思い出してみましょう。波の速度は、波の波長と周波数の掛け算で表されるのでした（図1-4）。電磁波が伝わる速度（光の速度）は秒速約30万km（約 3×10^8 m/s）で、いつも一定です。すなわち波長と周波数の関係は逆数の関係にあって、波長が短い電磁波ほど周波数が高いということが分かります。例えば、600nm（6×10^{-7} m）の波長の可視光を考えてみましょう。この光の周波数は、光の速度を波長で割ることで、0.5×10^{15} Hz（Hz＝1/s）となります。つまり、目に見える光の波は、細かい数字を気にしなければ1秒間におよそ 10^{15} 回も振動しているのです。

次に、光の面白い性質について考えてみましょう。光は波

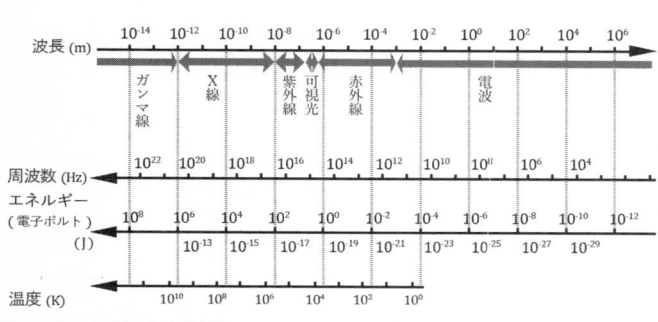

図1-3　電磁波の種類

16

$$v \;=\; \nu \;\; \lambda$$

速度　　　周波数　波長
(m/s)　(Hz=1/s)　(m)

光の速度 $v = c = 299{,}792{,}458$ m/s

$\cong 3 \times 10^8$ m/s

可視光 600 nm の周波数

$$\nu = \frac{c}{\lambda} = \frac{3 \times 10^8}{6 \times 10^{-7}}\left(\frac{\text{m/s}}{\text{m}}\right)$$

$$= 0.5 \times 10^{15}\,(1/\text{s=Hz})$$

図1-4　波の周波数と波長の関係

でありながら、粒子としての性質ももっていることが知られています。光を数えられる粒のようにみなすとき、その光の粒のことを「光子」と呼びます。光子は周波数に応じたエネルギーをもっていて、そのエネルギーはプランク定数（h）と呼ばれる定数を用いて図1-5のように表すことができます。波長が短い電磁波は周波数が高いため、そのぶん光子のエネルギーが高くなります。

この式に従って、私たちの目に見える可視光のエネルギーを計算してみると、先ほどと同様に数字を気にしなければ、光子1つあたりおよそ 10^{-19}（0・000

……と続いて、ゼロが19個）ジュール（J）となります。たとえば、100ワットの電球は1秒間に100ジュールの光を放出しています。光子1つは約 10^{-19} ジュールしかもっていませんので、100ワットの電球からは1秒間に（100÷10^{-19}）＝10^{21} 個もの光子が飛び出しているのです。

ちなみに、光子のエネルギーをジュールで表すのは不便なことが多いため、「電子ボルト」という単位がよく用いられます。電子は原子を構成する粒子の一つで、マイナスの電荷をもっていることを中学校で習ったと思います。回路に電圧をかけると、電子が動くことで電流が流れるということを中学校で習ったと思います。

います。1電子ボルトは、1ボルトの電圧をかけたときに電子がもつエネルギーで、約10^{-19}ジュールです。つまり、可視光の光子はおよそ1電子ボルトのエネルギーをもっています。

ではここで宇宙の話に戻りましょう。図1-6は有名なオリオン座で、冬の季節によく見えますので、ぜひ探してみてください。オリオン座の星々をよく見ると、左上の星（ベテルギウス）は赤っぽく見えます。一方で、右下の星（リゲル）は青白く見えます。色の違いは、光の波長の違いでした。つまりベテルギウスはリゲルよりも主に長い波長の光を主に放っているのです。これらの星の見え方の違いは、星の温度に関係しています。ベテルギウスはその表面温度が3000度ぐらいなのに対して、リゲルの温度は約12000度にもなります。温度が高い物質の方がエネルギーが高い（つまり、周波数が高くて、波長が短い）電磁波を放出することができるので、より青っぽく見えるわけです。この原理を用いて、実際の天文学では星の色を観測することで、その温度を推定しています。

では、星の温度がもっと低い場合はどうなってしまうでしょうか？　そのような「冷えた」天

$$E = h\nu$$

エネルギー（J）　プランク定数（J·s）　周波数（Hz）

プランク定数 $h = 6.6 \times 10^{-34}$（J·s）

$$E = (6.6 \times 10^{-34}\ \mathrm{J \cdot s}) \times (0.5 \times 10^{15}\ \mathrm{Hz})$$
$$\cong 3 \times 10^{-19}\ \mathrm{J}$$
$$\rightarrow \frac{3 \times 10^{-19}}{1.6 \times 10^{-19}} \cong 2\ \text{電子ボルト}$$

図1-5　光子のエネルギー

図1-6　オリオン座
カラー写真は口絵1を参照。
（yoko_ken_chan：iSTock）

きません。宇宙からやってくる様々な波長の電磁波を観測することが必要不可欠なのです。このような天文学を「多波長天文学」と呼びます。20世紀は多波長天文学が花開いた時代で、赤外線や電波の観測によって「冷たい」宇宙の理解が、そしてX線やガンマ線の観測によって「熱い」宇宙の理解が飛躍的に進みました。次章からは、様々な電磁波で見えてきた宇宙の姿について紹介していきます。

体が主に赤外線を放っていると、私たちはその天体を肉眼で「見る」ことができなくなってしまいます。逆に、もし星よりも極端に「熱い」天体がいて、X線ばかりを出していたら、やはりそのような天体も肉眼で「見る」ことはできません。私たちの目で捉えることができる可視光は電磁波のほんの一部です。ですので、目に見える光だけで宇宙を観測していては、宇宙の真の姿を知ることはで

2章——宇宙のスケール

天文学の対象は宇宙の全ての現象にわたります。本書でも様々な距離にある、様々な大きさをもった、様々な質量の天体が登場します。

そこで、まずは準備運動として、皆さんに宇宙のスケールを実感してもらうところから始めたいと思います。少し計算が出てきますが、苦手な人も怖がらないでください。計算は読み飛ばしても大丈夫ですが、実際に少し計算してみるだけで宇宙のスケール感が生き生きと分かるようになりますので、ぜひチャレンジしてみてください。

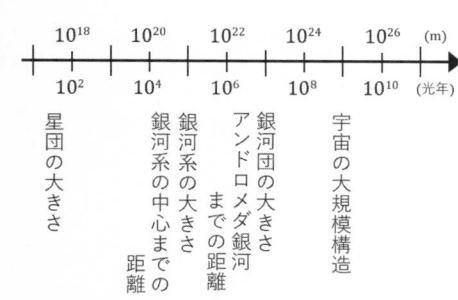

図2-1 宇宙の長さスケール

2・1 宇宙の長さスケール

私たちが普段の生活で移動する範囲は10km（1万m）ぐらいでしょう。例えば東京の山手線の直径はおよそ10kmです。一方で、宇宙の話が出てくると、途端に数万光年先の……というような話が出てきてしまい、実感を超えてしまいます。1光年は光の速さで1年間に進むことができる距離のことで、約10000000000000000m（1京m）のことです。もうすでにゼロの数が多すぎて全くピンときませんね。そこで、このような大きい数字を表すときには指数を使います。指数を使って書くと、1光年は約10^{16}mとなります。10の右上にある数字が、ゼロの数だと思ってもらえば大丈夫です。

ここで、天文学を楽しむための重要なルールを決めておきます。それは、「細かいことは気にしない」ことです。天文学では何桁にもわたってスケールの違う数字（長さや質量）が出て

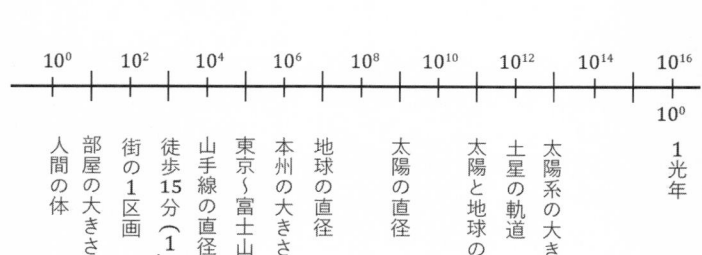

| 10^0 | | 10^2 | | 10^4 | | 10^6 | | 10^8 | | 10^{10} | | 10^{12} | | 10^{14} | | 10^{16} |

10^0　1光年

人間の体
部屋の大きさ
街の1区画
徒歩15分（1km）
山手線の直径
東京〜富士山の距離
本州の大きさ
地球の直径
太陽の直径
太陽と地球の距離
土星の軌道
太陽系の大きさ

きますので、細かいことは気にしないことにしましょう。例えば、10と15の違いは気にしなくて良いです。誤解を恐れずにいうと、天文学的には10と15は「ほぼ同じ」です。それよりも、10（＝10^1）と100000（10^5）のような桁の違いの方がずっと大事だからです。

図2-1は、宇宙の様々な天体の大きさや距離をまとめたものです。宇宙のスケールは大きく変わるため、横軸は1目盛り右に進むごとに10倍ずつ大きくなっています（数学の言葉でいうと、対数軸をとったものです）。本書では宇宙の様々な天体が登場しますので、イメージが湧かなくなったら常にこの図に戻って確認してもらうと分かりやすいと思います。

では身近な例から始めて、少しずつ宇宙のスケールを実感していただきたいと思います。まずは私たちが住む地球上のスケールからおさらいしていきましょう。私たちの体の大きさは約1m（＝10^0m）です。1mを100倍すると100m（＝10^2m）で、街の1区画ぐらいになります。さらに100倍すると10^4m（＝10km）で、1つの都市のサイズほどになります。もう100倍すると、10^6m（1000km）で、これは日本の本州ぐらいの長さです。

次に地球を飛び出して太陽系の大きさを実感していきましょう。地球の半径は6400km（6.4×10^3km＝6.4×10^6m）ですので、直径はその2倍で（細かいことは気にせず）おおよそ10000km（＝10^4km＝10^7m）です。日本の本州をひらたくして10個並べると、地球の端から端まで行けるわけです。地球の直径を100倍してみると、10^6km（＝10^9m）となり、これはおよそ太陽

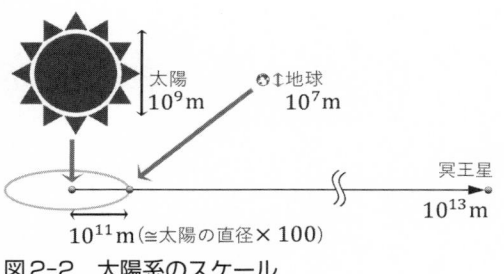

太陽
10^9m

地球
10^7m

冥王星
10^{13}m

10^{11}m（≒太陽の直径×100）

図2-2　太陽系のスケール

大きさ（半径7×10^8m、直径1.4×10^9m）と同じぐらいです。これをさらに100倍してみると10^8km（=10^{11}m）となり、地球と太陽の距離1.5×10^8km（=1.5×10^{11}m）と同程度になります。つまり太陽を100個並べるとちょうど地球にたどり着くのです。さらに太陽と地球の距離を100倍すると、およそ冥王星の軌道までの距離（10^{13}m）になり、太陽系の外側を含む大きさぐらいになります（図2-2）。

ここまでくると指数のありがたみを実感するのではないでしょうか。「地球の直径が約1万3000km」で、太陽と地球の距離が1億5000万km」と書くよりも、「地球の直径が1.3×10^7mで、太陽と地球の距離が1.5×10^{11}m」と書けば、指数の肩の数字を比べることで、両者の長さの違いが約4桁であることが一目で分かります。

では、ついに太陽系を脱出しましょう。太陽からもっとも近い恒星はアルファケンタウリという名前の星で、太陽系からの距離はおよそ4.3光年、すなわち約4×10^{16}mです。太陽の直径（1.4×10^9m）と比べてみると、およそ3×10^7倍、つまり3000万倍にもなります。つまり、太陽を3000万個繋げないと隣の星にはたどり着けません。夜空でたくさん見ることができる星々は意外と孤独なこ

とが分かります。では、これがどれぐらい孤独なのか、例えば人間に置き換えて考えてみましょう。人間の大きさが1mぐらいですから、人間が星と同じぐらい孤独だとすると、隣の人は3×10^7m（3000万m）ぐらい先にいます。これは地球の直径の2倍ぐらいですね。つまり、星の孤独さは、地球上に人が一人しかいないような状況だと分かります。

一つ一つの恒星は比較的孤独に存在していますが、宇宙をもっと大きなスケールで見ると、星々は群れて存在しています。ここからはよりスケールが大きくなるので、単位をメートルから光年（約10^{16}m）にしましょう（mでの表記は図2-1をご覧ください）。私たちが住む太陽系は、銀河系という星の集団の中にあります。銀河系の直径は、10万光年（10^5光年）程度です。

太陽系は銀河系の中心から約2.5万光年（2.5×10^4光年）程度のところにあることが知られています。私たちは銀河系の中に住んでいますので、図2-3の想像図のような銀河系の姿を見ることはできません。しかし、銀河系の中心方向には星が集まっているように見えるはずで、地球からそれらの星を見たものが夏の夜空に見える天の川です。

最後に銀河系を飛び出してみましょう。銀河系の外

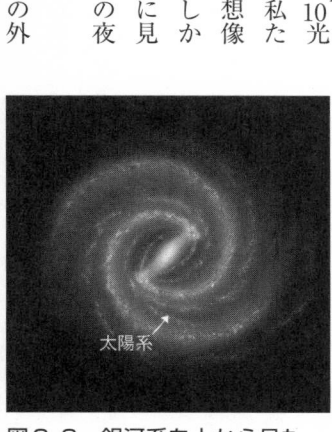

太陽系

**図2-3　銀河系を上から見た
　　　　想像図**
(NASA/JPL-Caltech/ESO/R. Hurt)

には、私たちが住む銀河系ではない別の銀河が数多く存在しています。例えば銀河系の近くでもっとも大きな銀河の一つがアンドロメダ銀河（図2-4）です。アンドロメダ銀河は、私たちの銀河系からおよそ200万光年（2×10^6光年）離れたところにあります。銀河系の大きさはおよそ10万光年（10^5光年）でしたので、銀河系を20個並べるともうアンドロメダ銀河に到達してしまいます。ここで、星のときと同じように銀河を人間の大きさ

図2-4　アンドロメダ銀河
(HSC Project / 国立天文台)

（1m）におきかえてみましょう。すると、隣の銀河は20m先、つまり隣の家ぐらいの距離にいることになります。これは星の孤独さとは対照的で、宇宙の中で銀河は比較的密集しているといえます。実際に、宇宙では銀河の衝突も起きていることが知られています。ただし、銀河の中に存在する星々は非常に孤独なため、銀河同士が衝突しても星がぶつかったりすることはめったに起きません。

これより大きいスケールの宇宙は銀河の世界です。隣の銀河が存在する距離である100万光年（10^6光年）をさらに100倍すると1億光年（10^8光年）になります。これぐらいのスケールになると、宇宙には銀河の混んだところや空いたところがあることが分かるようになります。図

2-5は天文観測から分かっている銀河の位置を点で表したもので、差し渡しは1億光年のさらに10倍の10億光年ぐらいです。銀河が作り出すこのような構造は「宇宙の大規模構造」と呼ばれています。これをさらに10倍すると100億光年です。現在の宇宙の年齢は138億年程度ですから、100億光年先の宇宙はほぼ宇宙の果てといえます。現代の天文学では、このような非常に遠くの宇宙を観測することで、宇宙の最初期にできた星や銀河の研究が精力的に進められています。

さて、身近な地球上のスケールから始めて、宇宙の果てまでのスケールを見てきました。

私たちの体が約1m（= 10^0m）なのに対して、100億光年は $10^{10} \times 10^{16}$m = 10^{26}mで、その違いは26桁におよびます。26桁の違いを一気に実感するのはなかなか容易ではありません。ただ、そういうときは、星（銀河）の大きさが私たちの大きさだったとしたら……としたように、図2-1を見ながら身近

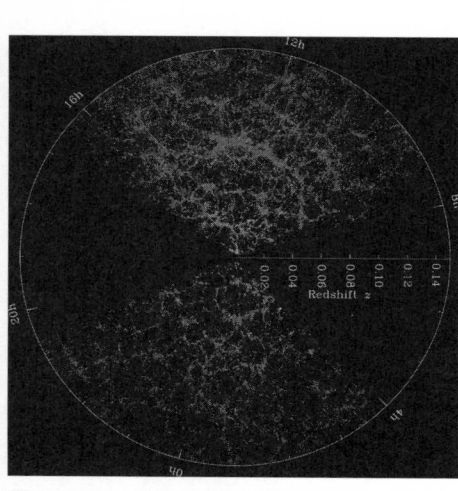

図2-5　宇宙の大規模構造
(M. Blanton and SDSS)

なものにたとえてみることをお勧めします。そうすると少しずつイメージが湧いてくると思います。たとえる対象はなんでも構いません。例えば、私たちは銀河系の住人ですので、図2-3の銀河系が日本と同じぐらいの直径1000km（＝10^6m）の国だとしてみましょう。銀河系の直径（10^{21}m）と、アンドロメダ銀河までの距離（$2×10^{22}$m）の比は20倍でしたから、いま考えている宇宙では、隣の銀河は約20000km先にあることになります。地球の円周は40000km程度ですから、飛行機に乗ってちょうど地球の裏側まで行ったぐらいの距離ですね。ではこのとき太陽はどれぐらいの大きさでしょうか？　太陽の直径はおよそ10^9mですので、銀河系の大きさとの比は、10^{-12}です。つまり、銀河系が日本ぐらいの大きさだとすると、太陽の大きさは、（10^6m×10^{-12}）＝10^{-6}m、つまり1マイクロメートル（μm）です。人間の髪の毛の幅がおよそ100μmですので、太陽の大きさは髪の毛の幅の100分の1ぐらいに相当します。このように考えることで、宇宙のスケール感を少し身近に感じられたのではないでしょうか。

27

本章では様々な宇宙の距離スケールを紹介してきましたが、これらの距離はどうやって測られたのでしょうか？ できればその天体まで行って距離を測りたいところですが、人類が探査機を飛ばして直接行ける距離は限られています。例えば、日本の「はやぶさ」は小惑星でサンプルを採取後、地球に帰ってくるという快挙を成し遂げましたが、その総航行距離は約50億km（5×10^9 km＝5×10^{12} m）程度です。

現在、人類が飛ばした探査機の中で私たちからもっとも離れたところにいるのがボイジャー衛星で、その航行距離は約200億km（2×10^{10} km＝2×10^{13} m）にもなります。太陽圏をまさに脱出したところで、これも素晴らしい快挙ですが、やはり宇宙全体のスケールとしてはまだまだご近所といわざるをえません。

近くの星までの距離を測る方法としてもっとも正確なのが、「視差」を使う方法です。この原理がよく分かる方法があります。腕を前に伸ばして人差し指を立ててみましょう。次に右目を閉じて、左目で人差し指を見てください。背景と人差し指の位置関係を覚えたところで、今度は左目を閉じて右目で人差し指を見てください。そうすると、人差し指の位置が背景に対してずれることが分かります。人差し指をより近くにおくと、このずれはより大きくなります。

図2a　年周視差

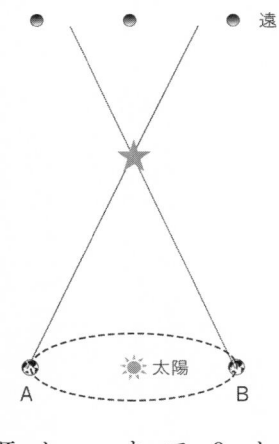

Aから見た時

Bから見た時

遠くの星

☀太陽

A　　　B

これと同じ原理を宇宙でも使うことができます（図2a）。先程の人差し指が隣の星だと思いましょう。地球は太陽の周りを回っていますので、例えば春と秋では地球の位置が変わっています。すると、春の位置（A）が左目、秋の位置（B）が右目だと考えてみましょう。春と秋では近くにある星の位置が背景にある遠くの星よりもずれて見えます（「年周視差」と呼ばれています）。太陽と地球の距離は分かっていますので、ずれの大きさ（角度）を測ることができれば、三角測量の原理で星までの距離を推定することができるのです。ただし、この方法は測定できるほど視差が大きい星、すなわち近傍の星にしか使えません。現在では、銀河系の中のおよそ10 000光年（10^{20} m）程度までの距離の星に対して、年周視差によって正確な距離が測られています。

ではそれより遠い星はどうすれば良いのでしょうか？　もっとも信頼度の高い方法の一つは「標準光源」を使う方法です。宇宙では事前に真の明るさが

分かっている天体が存在します。有名な例は「セファイド変光星」と呼ばれる星や、後述する「Ia型超新星」（イチエー型と読みます）と呼ばれる星の爆発現象です。天体は同じ明るさをもっていても、遠くにあると私たちには暗く見えます。100Wと分かっている電球が近くにあるより眩しく見えて、遠くにあると眩しさが減るのと同じ原理です。見かけの明るさは距離の2乗で減っていきますので、この原理を用いることで、天体の見かけの明るさから天体までの距離を逆算することができます。現在セファイド変光星では5000万光年（5×10^7 光年＝5×10^{23} m）程度離れた近傍銀河までの距離が、Ia型超新星では50億光年（5×10^9 光年＝5×10^{25} m）程度までの距離が測られています。

ここで一つ問題があります。そもそもセファイド変光星やIa型超新星の真の明るさはどうやって測られたのでしょうか？　それには別の方法を使うしかありません。例えばセファイド変光星は銀河系にも存在しますので、年周視差を使って距離を先に決めることで、真の明るさを決めることができます。しかし、Ia型超新星は銀河系では100年に1回程度しか見つからないため、この方法は使えません。そこで、Ia型超新星が見つかった系外銀河の距離をセファイド変光星で決めることで、Ia型超新星の真の明るさが決められています。つまり、図2bのように近くから順に距離を決めていくのです。これは宇宙にはしごをかけていくような作業のため、「距離はしご」と呼ばれています。

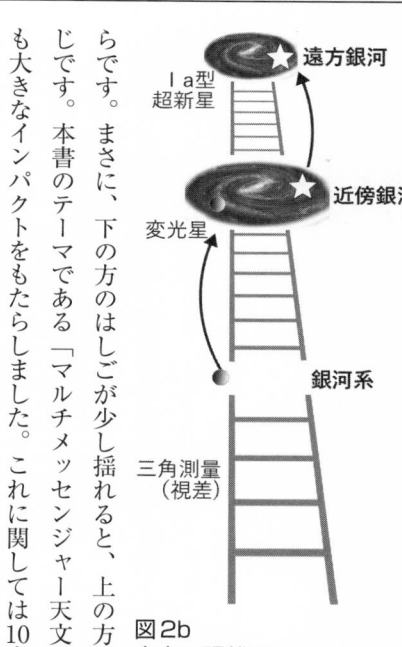

図2b
宇宙の距離はしご

らです。まさに、下の方のはしごが少し揺れると、上の方のはしごが大きく揺れてしまうのと同じです。本書のテーマである「マルチメッセンジャー天文学」は、この「距離はしご」に関しても大きなインパクトをもたらしました。これに関しては10章で紹介します。

距離はしごは、より遠い宇宙までの距離を測る素晴らしい方法です。一方で危険性もあります。もし地球に近い側の距離が間違っていると、より遠い距離の測定に全て影響してしまうか

2・2 宇宙の質量スケール

次に宇宙に存在する天体の質量を見ていきましょう。

宇宙の長さスケールは私たちが日常に目にする長さのスケールよりも10桁以上も大きいものでした。物体の質量は（体積）×（密度）で表されます。体積は長さの3乗で増えていきますので、宇宙で登場する質量のスケールは長さのスケールよりももっと日常の感覚から離れていってしまいます。例えば、私たち人間の質量は約50 kg（5 × 10^1 kg）です。一方で、太陽の質量は約2 × 10^{30} kgです。2 × 10^{30} ÷ (5 × 10^1) = 4 × 10^{28}ですから、これだけですでに28桁（!）も異なっているのです。このため、宇宙に存在する天体の質量を表すときは、太陽の質量が単位として使われます。例えば、太陽の質量より10倍重い星は「10太陽質量」と表されます。

とはいえ、この大きな違いを実感することを諦めて欲しくはないので、距離の場合と同じように日常のスケールからなんとかして宇

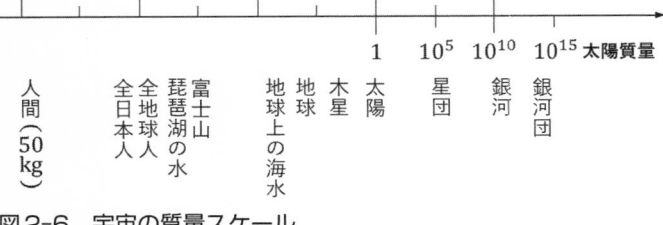

図2-6　宇宙の質量スケール

宙まで繋げてみましょう（図2-6）。

例えば、人間の体は50kg程度で、日本の人口は約1億人（10^8人）ですので、日本人を全員集めると、その総質量は約5×10^9kgです。同じように、世界の人口約80億人（8×10^9人）を集めれば総質量は約4×10^{11}kgとなります。すでに全人類を投入していますが、全く宇宙のスケールには到達しないことが分かります。

次に身近で大きなものを想像してみましょう。例えば、日本最大の湖である琵琶湖は、その体積が約30km³（30×10^9m³）です。水の密度は1g／cm³（$=10^3$kg/m³）ですので、琵琶湖の水の質量はおよそ3×10^{13}kgです。これは地球上の全人類の質量の100倍程度です。

では日本一高い山の富士山の質量はどうでしょうか？　どこからを富士山とするかで体積は大きく異なりますが、大雑把に標高h＝約4km（海抜）、裾野の半径がr＝10kmの円錐だと思うと、その体積は（$=\frac{1}{3} \cdot h \cdot \pi \cdot r^2$）で約400km³（$400 \times 10^9$m³）となります。岩石の密度を3g／cm³（$=3 \times 10^3$kg/m³）だとすると、質量はおよそ$10^{15}$kgとなります。これは琵琶湖の水の質量の30倍ですが、富士山といえども地球のほんの一部ですので、やはり宇宙の質量スケールには遠く及びません。

では次に地球規模で考えてみましょう。地球の表面の約3分の2は水でおおわれています。地

球の表面積は$4\pi r^2$（半径 r＝6400 km）で、海の深さは平均でh＝4 kmぐらいとすると、海の体積はおおよそ $\left(4\pi r^2 \times h \times \dfrac{2}{3}\right)$ で1×10^9 km^3（＝1×10^{18} m^3）程度です。そして、地球上の海の質量はおおよそ1×10^{21} kgとなります。これは富士山の100万倍（10^6倍）程度です。そして、地球全体の質量は海の質量のさらに6000倍程度で、約6×10^{24} kgであることが知られています。

地球を飛び出すと、太陽系の中でもっとも質量の大きい惑星は木星で、その質量は約2×10^{27} kgです。これは地球の質量の約300倍です。そして太陽の質量は2×10^{30} kgですので、木星の質量の1000倍程度（地球の質量の約30万倍程度）です。これでやっと天文学で普段使われる単位に到達しました。

宇宙には様々な質量の星が存在しており、軽いものでは太陽の10分の1程度、重いものでは太陽の100倍程度の質量をもっています。つまり、星の質量は比較的狭い範囲（およそ3桁）におさまっていることが分かります。また、宇宙には軽い星ほど数が多く、重い星ほど数が少ないことが知られており、私たちの太陽は星々の中では「平均的な」質量をもっているといえます。

次に、星の集団である銀河を見ていきましょう。1つの銀河には1000億（10^{11}）程度の星が存在していますので、銀河の星の総質量は10^{11}太陽質量（2×10^{41} kg）程度です。また、宇宙に

34

は100〜1000個の銀河が集まった「銀河団」が存在しており、その中の星の質量を合計すると、10^{13}〜10^{14}太陽質量（$2×10^{43}$〜$2×10^{44}$ kg）程度となります。さらに本書では詳しく触れませんが、宇宙には光では見えない「ダークマター」（または「暗黒物質」）が存在していることが知られており、そこまで含めると銀河の質量は星として見えている質量のさらに10倍程度にもなります。

コラム ＿ ブラックホール

宇宙に存在する様々な天体の大きさや質量をみてきましたが、ここで天文学の有名人「ブラックホール」の性質を紹介しますので、本書でもこれから何回も登場します。

ブラックホールはマルチメッセンジャー天文学で重要な役割を果たしています。

ブラックホールは、一言で表すと「光すら逃げ出すことができない天体」です。1章で説明した通り、星を「見る」ということは、その星からの光が届くという意味です。つまり、ブラックホールは「見る」ことができない天体ということもできます。直接見ることはできないので、天文学ではブラックホールに落ち込む物質が放つ光を観測することで、そこにブラックホールがあることを間接的に調べているのです。

「光すら逃げ出すことができない」ということから、ブラックホールの性質を知ることができます。まず、地球上からロケットを打ち上げることを考えてみましょう。ロケットの質量を m とすると地球表面ではロケットにかかる重力は mg と書けます。ここで g は重力加速度です。高さ h まで達したときの位置エネルギーは mgh と書けます。これは地球の表面では成り立ちますが、もう少し大きいスケールで見ると、地球の重力による位置エネルギーは $-\dfrac{GMm}{R}$ と書けます。

36

ここでMとRは地球の質量と半径です。マイナスが付いているのは、位置エネルギーの基準をRが大きいところでゼロになるように取っているためです。

さて、ロケットを打ち上げて遠くまで飛ばすには、十分に速い速度をもたせる必要があります。ロケットの速度がvのとき、運動エネルギーは$\frac{1}{2}mv^2$と書けます。ロケットが地球の重力を振り切って十分遠くまで飛んでいくためには、運動エネルギーと位置エネルギーの和がゼロ以上でないといけません（図2ｃ）。この条件から、地球を脱出するために必要な初速度の条件を計算することができます。これを「第2宇宙速度」と呼びます（地球の周りを円運動するために必要な速度を「第1宇宙速度」と呼びます）。

ここから、脱出速度は天体の質量Mと半径Rによって決まっていることが分かります。質量が大きいほど、そして半径が小さいほど、脱出に必要な速度が速くなるのです。ここで、ある質量Mの天体をどんどん小さくしていくと、脱出速度がどんどん速くなっていきます。そして、脱出するのに必要な速度が光の速度と同じになってしまうと、その天体からは光も抜け出すことができなくなります。つまり、その天体は「ブラックホール」だと考えることができます。ブラックホールになってしまう半径は、図2ｃのように質量だけで決まっており、これを「シュバルツシルト半径」と呼びます。ちなみに、実際は光を伝える光子は質量をもたないため、上記のように

ニュートン力学で考えるのは正しくなく、厳密には一般相対性理論で考える必要があります。しかし、一般相対性理論を使ってもシュバルツシルト半径に関しては同じ答えを導くことができます。ニュートン力学では星（ブラックホール）の表面があって、そこから出ていった光が遠くまで飛んでいけないということになっていますが、実際はブラックホールにその表面があるわけではなく、シュバルツシルト半径からは光が出てくることすらできないことに注意が必要です。

天体の質量が太陽と同じ場合、

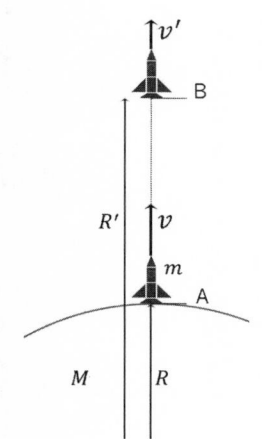

A地点　　　　　B地点
$$\frac{1}{2}mv^2 - G\frac{Mm}{R} = \frac{1}{2}mv'^2 - G\frac{Mm}{R'}$$

無限に遠くまで行ける速度
$$\rightarrow \frac{1}{2}mv^2 - G\frac{Mm}{R} = 0$$
$$\rightarrow v = \sqrt{\frac{2GM}{R}} \quad \text{(脱出速度)}$$

脱出速度が c になってしまう時
$$c = \sqrt{\frac{2GM}{R}} \quad \rightarrow R = \frac{2GM}{c^2}$$
（シュバルツシルト半径）

$M = $ 太陽質量の場合　$R \cong \dfrac{2 \times (7 \times 10^{-11}) \times (2 \times 10^{30})}{(3 \times 10^8)^2}$

$\cong 3 \times 10^3 \text{ m} = 3 \text{ km}$

図2c　脱出速度

シュバルツシルト半径は3kmとなります。つまり、太陽（半径7×10^8m）の質量を何らかの方法により3km（3×10^3m）に押しつぶすことができれば、ブラックホールができるのです。ではブラックホールを作る「何らかの方法」とは一体なんでしょうか？　それは4章で説明したいと思います。

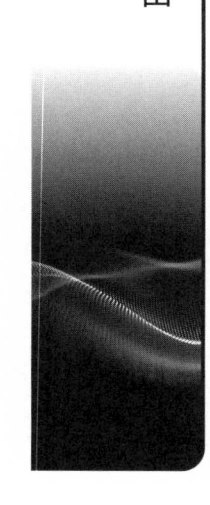

3章——様々な電磁波で見る宇宙

宇宙のスケールを概観したところで、次は実際に様々な種類の電磁波で見える宇宙の姿を見ていきましょう。様々な波長の電磁波を用いる天文学は「多波長天文学」と呼ばれています。それに加えて、重力波やニュートリノなど、宇宙からの全てのシグナルを駆使した天文学が「マルチメッセンジャー天文学」です。本章では、異なる波長の電磁波観測がそれぞれ宇宙の天体のどのような性質を捉えるのに適しているかを把握して、マルチメッセンジャー天文学を楽しむ準備をしていきます。

> ### 3-1 可視光・赤外線で見る宇宙

まずはもっとも馴染（なじ）みのある可視光を使った宇宙の観測を見ていきます。私たちの目は可視光を捉えるこ

図3-1 すばる望遠鏡
（国立天文台）

$$h\,\nu \cong 3kT$$

ブランク定数　周波数　ボルツマン定数　絶対温度

ボルツマン定数　$k \cong 1.4 \times 10^{-23}\ \mathrm{J\cdot K^{-1}}$
太陽　$T = 6000\ \mathrm{K}$

→ 周波数　$\nu \cong \dfrac{3kT}{h} = \dfrac{3\times1.4\times10^{-23}\times6\times10^{3}}{6.6\times10^{-34}}$
$\cong 4\times10^{14}\ \mathrm{Hz}$

波長　$\lambda = \dfrac{c}{\nu} = \dfrac{3\times10^{8}\ \mathrm{m/s}}{4\times10^{14}\ \mathrm{Hz}}$
$\cong 1\times10^{-6}\ \mathrm{m}\ (=1\mu\mathrm{m})$

**図3-2　物質の温度と電磁波の
　　　　周波数の関係**

とができるので、可視光の天文学が最も長い歴史をもつのは自然なことでしょう。実際に、人類は古くから様々な理由で星を観察してきました。17世紀には望遠鏡が発明され、肉眼だけでは見ることができなかった暗い天体を観測するようになりました。さらに、19世紀には写真の技術によって、可視光の情報を記録に残すことができるようになりました。そして現在はデジタルカメラが使われています。図3-1は日本が誇るすばる望遠鏡の写真です。すばる望遠鏡は、直径8.2mの巨大な鏡で宇宙からの光を集めて、非常に暗い天体を観測しています。

ここで、物質の温度と、そこから放たれる電磁波の周波数の関係をみていきます。絶対温度は絶対温度を表します。（本書では、温度は絶対温度を表します。絶対温度＝摂氏温度＋273・15)。ある温度をもつ物質からは、図3-2の式の関係を満たす周波数の光が最も強く放射されることが分かっています。例えば、太陽の表面温度は6000Kですので、この温度を式に代入してみると、周波数が4×10^{14}Hz程度で可

視光―赤外線の波長に近くなることが分かります。この式を使うと、1章で説明した通り、温度の高い星がより高い周波数の電磁波（波長の短い電磁波、より青い光）を出し、温度の低い星がより低い周波数の電磁波（波長の長い電磁波、より赤い光）を出すことが分かります。

可視光の範囲は電磁波の周波数のおおよそ1桁分ですので、可視光の天文学観測では、大雑把にいうと数千度から数万度の温度をもった天体、つまり星や星の光を反射する惑星、星の集団である銀河が主要なターゲットとなります。図2-4のアンドロメダ銀河の写真は可視光の望遠鏡で撮影されたものです。多くの星は主に可視光を放射しているため、星の集団である銀河も主に可視光を放射するのです。

では可視光よりも波長が長い赤外線で宇宙を見るとどのように見えるのでしょう？ 図3-3はオリオン星雲の写真を赤外線と可視光で撮って比べたものです。かなり違った姿に見えることが分かりますね。これには、赤外線の2つの特徴が重要な役割をしています。

まず、赤外線では可視光の場合よりも「冷た

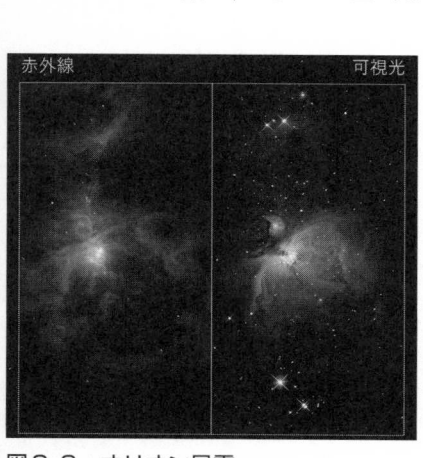

図3-3　オリオン星雲
　　　（左：赤外線、右：可視光）
(NASA/JPL-Caltech/Univ. of Toledo/NOAO)

い」温度の物質を見ることができます。温度が数千Kを下回るぐらいから、物質が主に放射する電磁波は波長1㎛以上の赤外線となります。例えば、私たちの体の温度は300Kぐらいですから、実は私たちは赤外線を放射しています。真っ暗な部屋では私たちの体は目には見えなくてしまいます。これは、私たちの目に見える可視光の電磁波源（太陽の光や部屋の明かり）がなくなってしまうからです。しかしこのようなときも、私たちは体温に対応する赤外線を出していますので、赤外線のカメラを使うことで私たちの体を「見る」ことができるのです。

私たちが普段見ている恒星は、宇宙空間で希薄なガス（気体）が集まってできたものであることが分かっています。ガスが十分集まって温度と密度が高くなると、そのような天体は主に赤外線を放ちます。星の中心では核融合が始まり、そのエネルギーによって主に可視光で明るく輝くようになります（詳細は4章で紹介します）。しかし、そこに至るまでは冷たい状態が続き、そのような天体は主に赤外線を放ちます。図3—3のオリオン星雲の写真で赤外線で明るく輝いている場所は、今まさに星が生まれようとしている現象を捉えたものです。

つまり、赤外線での宇宙の観測は、生まれる途中の星の姿を捉えるのに適しているということです。

赤外線の大きなメリットがもう一つあります。それは、宇宙空間をただよう塵に吸収されにくいということです。晴れていれば綺麗な夕焼けが見えますね。夕方には、太陽からの光は地球の大気を長く通過します（図3—4）。太陽からの光に

日が沈む夕方の空を思い出してみましょう。

は波長の短い光（青い光）と長い光（赤い光）が含まれています。波長の短い光は空気中の分子に散乱されやすい一方、波長の長い光は散乱されにくいという性質があるため、波長の長い光が選択的に届き、夕焼けは赤く見えています。

これと同じようなことが宇宙空間でも起きています。宇宙空間には細かい塵（0・1㎛程度の固体の微粒子）がただよっており、それが星からの光を散乱・吸収してしまいます。星ができる現場には特にたくさんの塵があるため、可視光で見ていると星の誕生現場は隠されてしまうのです。そこで、塵に遮られない赤外線で観測することで、図3－3のように星の誕生現場を見通すことができるのです。

では次に、可視光と赤外線の観測でどれほど鮮明な画像が得られるのかを見ていきましょう。現代の天文学で使われる巨大な望遠鏡は、非常に暗い天体からの光を捉えるだけでなく、非常に鮮明な写真を撮ることができます。ここで「鮮明」というのは、人間でいう視力のようなものです。大きいものが遠くにあっても、小さいものが近くにあっても見かけの角度は同じですので、視力を表すにはどれぐらいの角度のものを分解できるか、という指標が使われます。

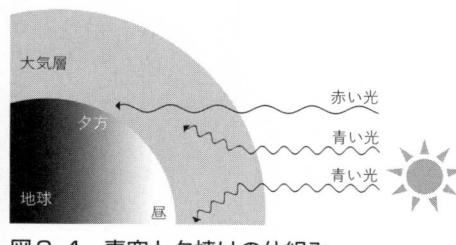

大気層

夕方

地球

昼

赤い光

青い光

青い光

図3-4 青空と夕焼けの仕組み

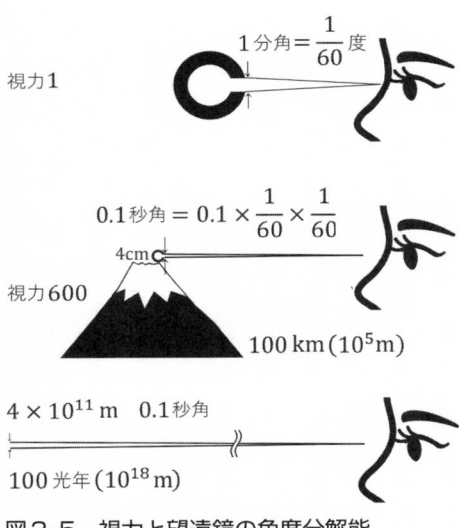

視力1

1分角＝$\frac{1}{60}$度

0.1秒角＝$0.1 \times \frac{1}{60} \times \frac{1}{60}$度

視力600

4cm

100 km（10^5m）

4×10^{11} m　0.1秒角

100光年（10^{18} m）

図3-5　視力と望遠鏡の角度分解能

通常、角度は「度」を使って表しますが、天文学ではそれよりももっと細かい単位として、1度の60分の1である1分角（60分角＝1度）、さらに1分角の60分の1である1秒角（3600秒角＝1度）が使われます。身近な例では、満月の見かけの大きさがちょうど30分角程度です。また、私たちの視力検査で使われている指標は、1分角を分解できる場合に視力1.0、0.5分角を分解できる場合に視力2.0というように決められています（図3-5）。天文学では視力の良さの指標を「角度分解能」と呼びます。

現在使われている可視光や赤外線の望遠鏡の角度分解能はおよそ0・1秒角にもなります。これは私たちの視力に直すと600に相当します。ここまで来ると全くピンとこなくなりますが、0・1秒角というのは、およそ100km離れた場所の4cmの物体の見かけの角度と同じくらいです。つまり、東京から約100km離れた富士山を見て、その頂上においた卓球のボールを見分けられるほどの性能

をもっているのです。

このように非常に「視力が良い」望遠鏡を使うことで、現代の天文学でははるか遠くにある宇宙の天体の細かい構造を調べることができています。特に目覚ましい発展を遂げているのが、太陽系の外の惑星（系外惑星）の研究です。

例えば100光年先にある星を考えてみましょう。この距離にある天体を0・1秒角の視力で見れば、4×10^{11}m、すなわち太陽と地球の距離の数倍を分解することができます（図3-5）。つまり、太陽ではない星の周りを回っている惑星の写真を撮影できる可能性があるのです。

図3-6は赤外線による観測で得られた実際の系外惑星の写真です。中心には恒星がいるのですが、惑星に比べて明るすぎるため、中心を隠して写真を撮影しています。外側に見えるいくつかの点が、この恒星の周りを回っている惑星です。人類はすでに太陽系の外の星の周りにいる惑星の写真を撮ることができるようになっているのです。さらに、この画像は時間をおいて何度も撮られていて、これらの惑星が実際に動いているのも確認されています。この

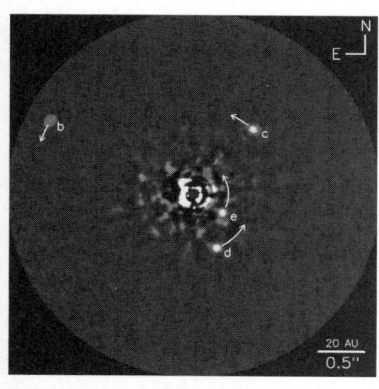

図3-6　系外惑星の写真
（NRC-HIA/C. MAROIS/W. M. KECK
OBSERVATORY）

ような直接の写真だけではなく、惑星が恒星の前を横切るときの「食」を使ったり、惑星の重力で恒星が動く効果を使ったりすることで、2021年の時点ですでに5000個以上の系外惑星が発見されています。このような系外惑星の観測から、宇宙に存在する様々な惑星系の研究が飛躍的に進んでいます。

3-2　X線・ガンマ線で見る宇宙

次に、波長が可視光よりも短い（周波数の高い）電磁波で見える宇宙の姿を見ていきましょう。波長が10〜300 nm程度の電磁波は「紫外線」、0・01〜10 nm程度の電磁波は「X線」と呼ばれています。周波数と温度の関係（図3-2）から予想されるように、これら波長の短い電磁波では、可視光で見るよりも「熱い」宇宙の姿が見えてきます。

これらの波長で宇宙を観測するのは、可視光よりもずっと大変になります。それは、地球の大気に含まれる分子や原子がこれらの電磁波を吸収してしまうためです。もし私たちの目が紫外線やX線を捉えることができたとしても、空を見上げたところで宇宙の様子はほとんど見えないのです。そのため、これらの波長で宇宙を観測するには、大気による吸収の影響が少なくなるように、上空高くから観測を行う必要があります。実際に、1960年代に始まった宇宙のX線観測

はロケットを飛ばして行われていました。また、現在では、主に人工衛星を使った観測が行われています。

図3-7は電磁波の各波長で地球の大気が宇宙からの電磁波をどれぐらい吸収してしまうかをまとめたものです。これを見ると、実は可視光、赤外線の一部と電波以外はほとんどブロックされてしまっているのが分かります。宇宙からの光がよく届く波長域は「大気の窓」と呼ばれます。ちなみに、波長の短い電磁波がブロックされているというのは、私たちの体にとっては非常に重要なことです。例えば、太陽が放つ紫外線は上空約10〜50kmに多く存在するオゾンによって吸収されています。オゾン層が破壊されると地表に届く紫外線の量が増えるため、私たちの健康に深刻な問題を与えます。

では、宇宙にはどのような「熱い」天体が存在するのでしょうか?

最も有名なのは、X線での天文観測における主役の一人であるブラックホールです。2章のコラムで説明したように、ブラ

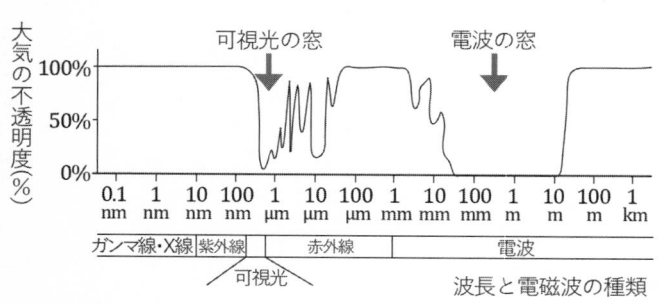

図3-7　大気の窓

（図中ラベル）
大気の不透明度（％）
可視光の窓　　電波の窓
100%
50%
0%
0.1 nm　1 nm　10 nm　100 nm　1 μm　10 μm　100 μm　1 mm　10 mm　100 mm　1 m　10 m　100 m　1 km

ガンマ線・X線｜紫外線｜赤外線｜電波
可視光
波長と電磁波の種類

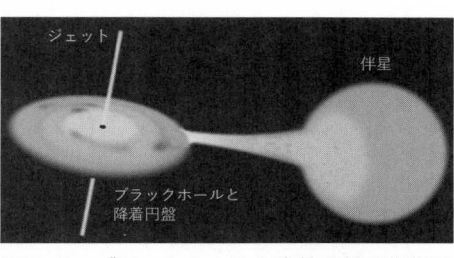

図3-8　ブラックホールと降着円盤の想像図

ックホールは恒星ほどの質量をもちながら、極めて「小さい」天体です。例えば、太陽の10倍ぐらいの質量をもつブラックホールの半径（シュバルツシルト半径）は、たったの30kmしかありません。

このブラックホールが普通の星とペアになってお互いの周りを回っていると（このような場合を「連星」といいます）、普通の星からブラックホールにガスが流れ込んでいきます。するとブラックホールの周りには降着円盤ができ、その円盤が明るく輝きます。

円盤はブラックホールのすぐ近くにできるため非常に小さく、また、その小さい領域にたくさんのエネルギーが注ぎ込まれるため、ガスの温度は 10^6 度（100万度）以上に温められ、主にX線で観測されるのです。このように、「見えない」はずのブラックホールは、宇宙では強いX線源として認識されています。

また、本書でたびたび登場する「超新星爆発」もX線を放つ天体として有名です。超新星爆発は星が一生の最期に爆発し、激しく宇宙空間に広がっていく現象です。図3-9は星が爆発してから400年ほどたった爆発の「残骸」をX線で撮影した写真で、天文学では「超新星残骸」と呼ばれています。超新星が宇宙空間に広がる速

49

度は秒速1000kmにもなります。地球を数秒で通り過ぎるぐらいの速さですね。このような強烈な爆風にさらされると、ガスが10^6K（100万度）以上に温められ、X線を放つようになります。物質は元素によって特徴的な波長のX線を放射するため、超新星残骸のX線観測によって、爆発で放出された元素の種類や分布などを調べることができます。

では次に、エネルギーのより高い電磁波であるX線と大きく様子が異なります。

ガンマ線で見える宇宙はそれ以外の波長で見る宇宙と大きく様子が異なります。

例えば、1pm（p：ピコ＝10^{-12}m）のガンマ線は、エネルギーにすると100万電子ボルト（1メガ電子ボルト＝1MeV）、温度にすると10^{10}K（100億度）に対応しています。このような超高温のガスは激しく輝くことですぐにエネルギーを失ってしまうため、超高温の状態を保った天体は宇宙でもなかなか見つけることができません。

しかし、宇宙にはエネルギーの高いガンマ線を放っている天体が多く見つかっています（図3–10）。それらのほとんどは、光の速度の約99％以上にも達する超高速度で運動する粒子を有した天

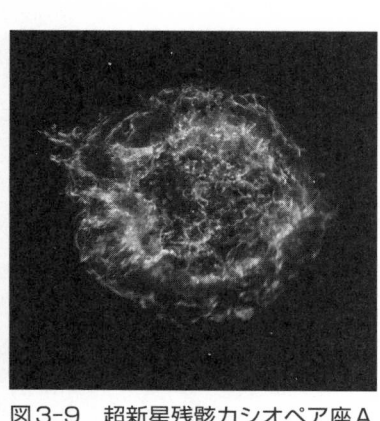

図3-9　超新星残骸カシオペア座A
　のX線画像
（NASA/CXC/SAO）

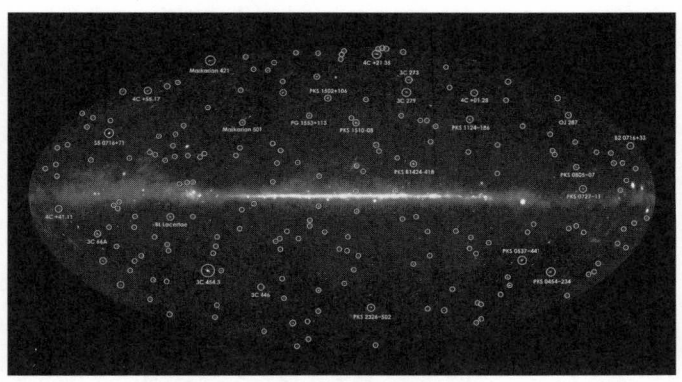

図3-10　フェルミ衛星で得られた全天の画像
○で示されているのがブレーザー。（NASA/DOE/Fermi LAT Collaboration）

体です。

　粒子の速度が光の速度に近いと、運動する粒子と観測者では時間の流れが異なるなど、相対性理論の効果が重要になるため、そのような粒子は「相対論的粒子」と呼ばれています。そして、相対論的粒子をもつ天体は非常にエネルギーの高い電磁波を放つことが知られています。

　例えばガンマ線源として有名な「ブレーザー」という天体は、銀河の中心から光の速さに近いガスの流れである「相対論的ジェット」が吹き出していて、それを私たちが正面から見ているものだと考えられています。実際に銀河からジェットが出ている様子は多く観測されており（図3-11）、このジェットを真正面から見ると強いガンマ線源として観測されるのです。また、5章で扱う「ガンマ線バースト」も文字通りガンマ線を放つ天体で、同様にジェ

51

ットをもつ天体だと考えられています。

3-3　電波で見る宇宙

では次に、赤外線よりも波長が長い電波で見る宇宙の姿を見ていきましょう。波長が長い（周波数が低い）電磁波では、より「冷たい」宇宙の姿が見えることになります。例えば、0.1mm（10^{-4}m）の波長に対応する温度は数十度ほどで、これは銀河の中に存在するもっとも冷たいガスの温度と同じぐらいです。また、電波の観測で特徴的なのは、宇宙に存在する分子からの光を多く捉えることができる点です。実際に、星が誕生する素となるガスのかたまりには、分子がたくさん存在していることが知られており、「分子雲」と呼ばれています。図3-12は、図3-3と同じオリオン星雲を電波で観測した画像で、一酸化炭素の分子が電波を放つことが強いところが示されています。

ちなみに、分子が電波を放つことができるということは、分子が電波とお互いに作用するということを意味しますので、分子は電波を吸収することもできます。分子が電波を吸収すると、そ

図3-11　系外銀河M87からの
ジェット
(NASA and the Hubble Heritage
Team (STScI/AURA))

52

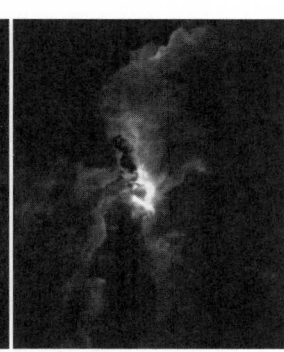

図3-12　オリオン星雲（左：赤外線、右：電波）
（写真左：2MASSプロジェクト　写真右：国立天文台）

のぶん分子のエネルギーが増えるので、分子は「温められる」ということもできます。この原理を使ったのが電子レンジです。電子レンジでは、電波を発生させて、物質中の水分子がそれを吸収することで物体の温度があがります。

宇宙で起きていることとキッチンで起きていることが同じ現象なのは面白いですね。ちなみに、日本では電子レンジと呼ばれていますが、英語では「microwave oven」と呼ばれていて、こちらの方が物理学的にはしっくりくる名前です（ただし、「マイクロ波」は波長がメートルより短い電波につけられており、波長がマイクロメートルではないことに注意してください）。

現在、電波の観測でもっとも強力なのが、日本、アメリカ、ヨーロッパの協力で運営されているアルマ望遠鏡です（図3-13）。アルマ望遠鏡は、チリのアタカマ高地、標高5000mの場所に設置された望遠鏡群で、口径12mのパラボラアンテナが54台、口径7mのパラボラアンテナが12台、合計66台の望遠鏡からなります。これらの望遠鏡で同時に天体を観測すること

53

で、宇宙からの非常に微弱な電波信号を観測することができます。また、電波観測の特徴は、複数の望遠鏡で得られたデータを「結合」できることです。離れた場所に設置されたアンテナで同時に観測を行うことで、実効的にはその距離に対応する巨大な口径の望遠鏡で観測したような、鮮明な画像を得ることができるのです。アルマ望遠鏡の場合は、望遠鏡の距離を15km程度まで広げることができ、得られる画像の角度分解能は0・01秒角にもなります。これは視力6000に対応しています。

図3-14はアルマ望遠鏡の素晴らしい視力を駆使して得られた、若い星を取り囲む円盤の画像です。この天体は太陽系から約500光年（5×10^{18}m）の距離にあり、円盤の大きさは太陽系の3倍程度です。その素晴らしい画像のシャープさのおかげで、円盤に模様が刻まれているのが分かります。私たちの地球のような惑星は、このような円盤の中で生まれたと考えられていますので、若い星の周りの円盤を観測することで、惑星ができ始める最初の状態を調べることができるのです。アルマ望

図3-13　アルマ望遠鏡（ALMA（ESO/NAOJ/NRAO））

図3-14　アルマ望遠鏡で撮られたおうし座HL星の画像
（ALMA（ESO/NAOJ/NRAO））

遠鏡で見えてきた円盤は、その後どのように進化して、可視光・赤外線の観測で見えるような多様な系外惑星につながるのでしょうか？　それを答えることができれば、私たちは太陽系の惑星のルーツを理解することができるかもしれません。

電波観測では、離れた場所にある望遠鏡で取られた信号を結合させることができるため、地球上の異なる大陸に望遠鏡を設置して一気に観測を行えば、アルマ望遠鏡よりもさらに視力の良い鮮明な画像を得ることができます。このような観測手法は、「超長基線電波干渉計（VLBI）」と呼ばれています。2019年、Event Horizon Telescope（EHT）というプロジェクトが、ブラックホールの影を捉えた写真を初めて撮影して話題になりました。図3-15がEHTによって得られた画像です。実はこの画像は、図3-11で示した系外銀河M87のジェットの根元、銀河のごく中心部の超拡大画像です。南北アメリカ大陸、ハワイ、ヨーロッパ、さらに南極大陸にある望遠鏡が総動員された結果、その分解能は20マイクロ秒角（0.00002秒角）、視力に換算すると300万（！）にも達しました。

この画像は非常に味わい深いので、少し計算をして

実感してみましょう（図3-16）。

まず、M87までの距離は約5500万光年（5.5×10²³m）です。観測された「輪」の見かけの半径は20マイクロ秒角（1マイクロ秒角＝1秒角の100万分の1）程度ですので、実際の長さに直すと5×10¹³m程度に対応します。これは太陽と地球の距離の300倍程度の巨大な穴です。ここで、ブラックホールのシュバルツシルト半径を思い出してみましょう。太陽と同じ質量をブラックホールにしたとき、シュバルツシルト半径は3km（＝3×10³m）で、その半径は質量に比例して大きくなるのでした（図2c）。つまり、EHTで観測された超巨大な影を作るには、このブラックホールの質量は太陽の10¹⁰（100億）倍程度の質量である必要があるのです（実際は、光の輪はシュバルツシルト半径の2.5倍程度の大きさの場所にできることが知られているので、ブラックホールの質量は太陽の65億倍程度と推定されました）。EHTが捉えたブラックホールの影は、このような超巨大ブラックホールによるものなのです。EHTが捉え

私たちの銀河系を含め、ほとんどの銀河の中心には超巨大ブラックホールが存在していると考えられています。その中の一部は、M87のように超高速のジェットを出していることが知られて

図3-15　EHTが捉えた
　　　　ブラックホールの影
（EHT Collaboration）

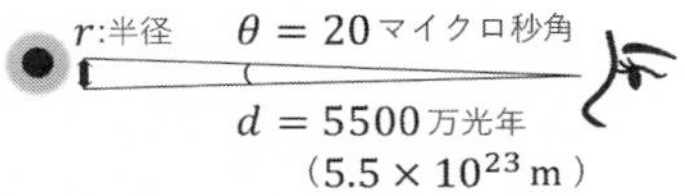

$r = d \tan\theta \cong d\theta$

$\cong 5.5 \times 10^{23} \times \underset{(秒)}{20 \times 10^{-6}} \times \underset{(秒\to度)}{\frac{1}{3600}} \times \underset{(度\to ラジアン)}{\frac{\pi}{180}}$

$\cong 5.5 \times 10^{13} \text{ m}$

→太陽の約65億倍の質量をもつブラックホールの影

図3-16　超巨大ブラックホールの質量

います。しかし、ブラックホールからどのようにジェットが生まれるかのメカニズムはまだ解明されていません。

マルチメッセンジャー天文学でもブラックホールとジェットは重要なターゲットであり、電磁波以外の情報を組み合わせることで、ジェットの形成メカニズムに新しい手がかりが得られることが期待されています。

2部 宇宙の爆発現象

4章 ── 超新星爆発

ここからは、マルチメッセンジャー天文学の主役となる宇宙の爆発現象たちを紹介します。4章のテーマは超新星爆発です。超新星爆発は天文学において、古くから観測・理論研究の対象でした。その結果、超新星爆発は星が一生の最期に起こす大爆発であることが分かっています。また、ブラックホールや中性子星など、マルチメッセンジャー天文学の観測対象となる天体を作り出す現象であることも知られています。一方で、超新星爆発にはまだまだ重要な「謎」や「未解決問題」も多く残されており、その謎を解く鍵として、マルチメッセンジャー天文学が注目されています。

4・1 星の一生

「超新星爆発は星の一生の最期の姿です」といわれてもピンとこない方が多いのではないでしょ

うか。夜空に輝く星はいつも同じように見えるため、そもそも星に「一生」があるということを簡単には想像できません。私たちが星の一生を実感できない理由は、その時間スケールの長さです。

例えば、太陽の寿命は100億年（10^{10}年）程度であることが知られています。現在の太陽の年齢は50億年程度ですから、まだ50億年ぐらいはほとんど何も起きません。私たち人間の寿命はたかだか100年（10^2年）程度ですので、その間に太陽が年老いていくことを感じることはできないのです。星はその質量が大きいほど寿命が短いことが知られています。しかし、太陽の10倍ぐらいの質量の星でも、その寿命は1000万年（10^7年）もあります。宇宙の年齢（138億年＝$1.38×10^{10}$年）に比べればずっと短いのですが、やはり私たちがじっと星を見ていても、その姿が大きく変わることはありません。

では、星に一生があることをどのように知ることができるのでしょうか？ 答えは意外と簡単です。たくさんの星を観測すれば良いのです。一つの星を眺めていてもその姿形は変化しません。しかし、銀河系には数千億もの星がありますので、たくさんの星を観測をすれば、一生の様々な段階にいる星を観測することができるのです。命が1週間ほどで尽きてしまうセミが、人間の一生を知ることができるか、と考えてみると分かりやすいかもしれません。セミが一人の人間を1週間見続けてもその変化を感じることはできません。しかし、たくさんの人間を見れば、

赤ちゃんもいれば、年老いた人がいることも分かるでしょう（もちろん、それを時系列として認識できるかは別の話です）。

宇宙でも、このように星の一生を見ることができます。右下に見える青白い星がリゲル、左上に見える赤い星がベテルギウスと呼ばれる星です。この2つの星はどちらも太陽よりも10倍以上重い星ですが、リゲルはまだ若く、一方でベテルギウスは、その寿命をもうすぐ終える星であることが知られています。つまり、ベテルギウスはリゲルのような星の晩年の姿なのです。実際に、リゲルも約1000万年後にはベテルギウスのように赤くなることが予想されています。

星に一生があるということは「時間とともに状態が変わる」ということです。天文学ではこれを星の「進化」と呼んでいます。人類の進化というと、世代を超えた進化を指すことが多いのですが、天文学では一つの星の状態の変化のことを進化と呼んでいるので注意してください。

ではなぜ星は進化するのでしょうか？この理由を理解するには、まず星がなぜ輝いているかを理解する必要があります。

太陽をはじめ、星の中では「核融合反応」が起きており、星はその反応によって生まれるエネルギーで輝いています。太陽の場合には、星の中心部は1000万度（10^7度）と超高温状態になっており、水素がヘリウムに変換される反応が起きてエネルギーが放出されています。核融合

$$E = mc^2$$

↑エネルギー　↑質量　↑光の速度

図4-1　質量とエネルギーの等価性

反応は私たちに身近な「化学反応」とは大きく異なります。化学反応では、原子の中心にある原子核の種類は変わっておらず、反応の前後で元素の結びつき方が変わる（分子の種類が変わる）だけです。一方で、核融合反応では原子核、つまり元素の種類自体が変化しています。

核融合反応が起きるとエネルギーが取り出せる理由は、アインシュタインの相対性理論の有名な式「$E = mc^2$」を見ると分かります（図4-1）。この式の左辺のEはエネルギー、右辺のmは質量で、cは光の速度です。光の速度は一定の数字ですので、この式は「エネルギーと質量は等価である」というちょっと不思議な意味をもっています。誤解を恐れずに言い換えると、「質量は

エネルギーに変換できる」ということです。

この式を実際に太陽の場合に使ってみましょう。水素がヘリウムに変換される核融合反応では、水素の原子核である陽子が4つ結合することで、ヘリウムが作られます。このとき、陽子4つの方が核融合で作られるヘリウムの原子核よりも少し（約0・7％）重いことが知られています。では、その質量の差はどこに行ってしまったかというと、「$E = mc^2$」に従ってエネルギーとなったのです。といってもにわかには信じられないでしょうから、少し計算してみましょう（図4-2）。

いま1・007kgの陽子があるとすると、そこから核融合で作られるヘリ

ウムはちょうど1・000 kgです。ここで0・007 kg分がエネルギーに変わるので、取り出せるエネルギーは6×10¹⁴ ジュール（J）程度です。ジュールはエネルギーの単位で、その定義は「1ニュートンの力で、その力の方向に物体を1メートル動かしたときの仕事（エネルギー）」です。

ここで比較のために家庭で使用しているエネルギーを考えてみましょう。

例えば、私の家の電気代の明細を見ると、1ヵ月の電気使用量はおよそ300 kW時（キロワット時）でした。ジュールは「ワット×秒」の単位をもちますので、これをジュールに換算すると（300×10³）W×3600秒＝約10⁹ジュールぐらいです。さらに、1年に換算すると、その約1桁上の10¹⁰ジュールです。

水素1 kgの核融合で取り出せるエネルギーは、6×10¹⁴ジュールでしたので、これで約6万世帯の年間エネルギー使用量がまかなえることが分かります。

太陽には、この「燃料」となる水素が大量に存在しています。太陽の場合は、中心の10

水素　　　　　　　ヘリウム　　　○:陽子
○○　　➡　　　　🎱　　　　　　●:中性子

1.007 kg ➡ 1.000 kg

$$E = mc^2$$
$$= (0.007 \text{ kg}) \times (3 \times 10^8 \text{ m/s})^2$$
$$\cong 6 \times 10^{14} \text{ J} \quad (1 \text{ kgあたり})$$

太陽の場合

使える水素の量

$$0.1太陽質量 = 2 \times 10^{29} \text{ kg}$$
$$E = (6 \times 10^{14} \text{ J/kg}) \times (2 \times 10^{29} \text{ kg})$$
$$\cong 10^{44} \text{ J}$$

図4-2　水素の核融合

％程度にある水素が核融合を起こすと考えられおり、太陽の質量は2×10^{30}kgですので、燃料として使えるのは2×10^{29}kg程度です。その全てが水素でできていると仮定すると（実際は75％程度です）、発生するエネルギーは1.2×10^{44}ジュールとなります（図4-2）。とてつもない数字になりましたね。

では、この膨大なエネルギーがあれば太陽を輝かせることができることを確認してみましょう。

太陽の明るさは4×10^{26}ワット（ジュール／秒）程度です。全体では1.2×10^{44}ジュールのエネルギーがありますので、太陽は$(1.2 \times 10^{44}) \div (4 \times 10^{26}) = 3 \times 10^{17}$秒ぐらいは、今のペースで輝き続けることができます。1年は約3×10^{7}秒ですから、これは約10^{10}年、つまり100億年に対応します。これが最初に紹介した太陽の「寿命」にほぼ対応しています。

次に星の一生について考えていきましょう。

星は宇宙空間のガス（気体）が集まってできたものです。地球の表面は固体ですので、想像しづらいかもしれませんが、太陽などの恒星は全てガスでできています。ガスが集まる理由は重力（万有引力）です。質量をもつあらゆる物質の間には重力が働きますので、宇宙空間でガスが多く存在している場所に、どんどんガスが引き寄せられていって星ができるのです。

やがて星の中心部が高温になると核融合反応が起き、十分なエネルギーが取り出されるように

なると星の収縮は止まります。このとき、星の中心部は熱くなり、外側に行くほど温度が低い状態が出来上がります。ガスは温度が高い状態の方が圧力が高いため、内側と外側の圧力の違いによって外向きの力が生まれます。この力が重力と釣り合うことで、星は安定してその形を保つことができるようになります（図4-3）。

ここで、星が核融合の燃料を使い尽くしてしまったとき、何が起きるかを考えてみましょう。図4-3から外向きの矢印をとってしまえば答えは簡単です。星は重力によって中心に向かって潰れてしまうのです。実際に、太陽はあと50億年後ぐらいに中心の水素を使い果たすと、ヘリウムでできた星の中心部は潰れていくと考えられています。

では、これが星の一生の最期かというと、そうではありません。星は潰れると圧縮されて、より熱くなります。そして温度が約1億度（10^8度）に達すると、今度はヘリウムの核融合が始まるのです。ヘリウムはその原子核に陽子2つ分の正の電荷をもつので、陽子よりも電気的反発が強く、ヘリウムの核融合を起こすのは水素よりもずっと大変です。実際に、水素の核融合でヘリウムができている最中には、ヘリウムは核融合を起こしません。しかし、星が中心に向かって潰

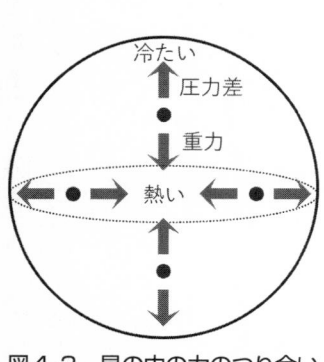

図4-3 星の中の力のつり合い

冷たい
圧力差
重力
熱い

れて温度が上昇すると、ヘリウムの核融合が起きる状態が自然に作り出されます。このように、星の進化とは、星が物理学の法則に従って徐々にその姿を変化させていくことを指しているのです。

ヘリウムが核融合を起こすと、炭素が作られ、さらにその炭素がヘリウムと核融合を起こして酸素を作ります。この時期になると星の外層が膨らんで、その半径は太陽の100〜1000倍にも達し、星の表面の温度が下がります。温度が低くなると、放たれる光の波長が長くなる、つまり「赤く」なるので、この時期の星は「赤色巨星」または、より明るい「赤色超巨星」として観測されます。

オリオン座のリゲルはまだ水素の核融合で輝いている若い星ですが、ベテルギウスは中心部の水素がすでに使い尽くされており、赤色超巨星の段階にあります。これが、ベテルギウスがリゲルよりも赤く見える理由です。

さて、水素がなくなることでヘリウムが新しい核融合の燃料となりましたが、そのヘリウムもいつかはなくなってしまいます。ここで、超新星爆発を起こす太陽の10倍以上の質量をもつ星に話を限ります。このような「大質量星」は、ヘリウムを使い尽くした後にまた中心に向かって収縮し、温度が上がることで、炭素同士の核融合を引き起こし、ネオンやナトリウムを作り出します。そして、炭素がなくなると、ネオンが核融合を起こし、ネオンがなくなると酸素が核融合を

起こし……と、次々と重い元素が星の中で作り出されていきます。ではこのサイクルはいつまで続くのでしょうか？　原子核の性質から、元素の中でもっとも安定なのは鉄であることが知られています。これは鉄が核融合してもエネルギーが取り出せないことを意味しています。つまり、星の中心に鉄ができると、それ以上の核融合は起きなくなります。

最終的に、重い星の中には、中心に鉄、その周りにケイ素、さらにネオンやマグネシウム、というように、球殻状に異なる元素が分布する構造が出来上がります（図4-4）。天文学ではこのような構造のことを「たまねぎ構造」と呼んでいます。

では、次に何が起きるかというと、答えは前と同じです。星は中心部に向かって潰れていってしまいます。しかも、次の核融合は起きませんので、核融合によって収縮が止められることはありません。星にとってはまさに危機的な状況です。そして、この危機的な状況が超新星爆発の引き金となるのです。

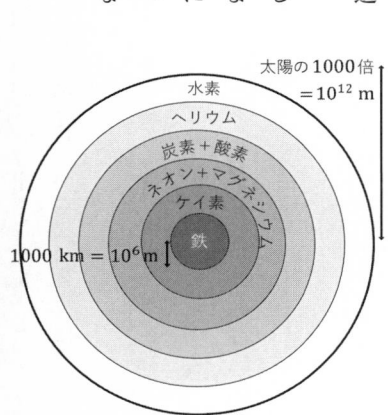

太陽の1000倍
$=10^{12}$ m

水素
ヘリウム
炭素＋酸素
ネオン＋マグネシウム
ケイ素
鉄

1000 km $= 10^6$ m

図4-4　星のたまねぎ構造

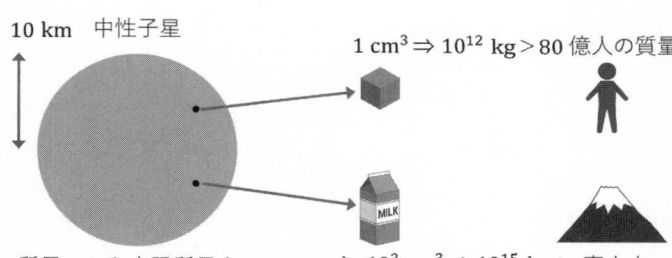

質量：1.5 太陽質量（$\cong 3 \times 10^{30}$ kg）　10^3 cm^3 ⇒ 10^{15} kg $\cong$ 富士山
密度：10^{18} kg／m^3

図4-5　中性子星

4-2
重力崩壊型超新星

太陽よりも10倍以上重い星の中心部は、一生の最期に中心に向かって潰れていきます。これを「重力崩壊」と呼びます。もともと1000kmぐらいの大きさだった星の中心部は、急速に潰れて小さくなっていきます。しかし、数十kmぐらいにまで小さくなり、非常に密度が高くなると、ついに星の崩壊は止まります。このとき、星の中心には中性子ばかりでできた天体がうまれます。これが「中性子星」と呼ばれる天体です。中性子星は宇宙でもっとも高い密度をもった天体で、マルチメッセンジャー天文学の主役の一人です。

中性子星は太陽の1.5倍程度の質量（3×10^{30} kg）をもちながらも、半径が10km程度しかない天体です（図4-5）。非常に大きな質量が小さい領域に集まっており、その密度は10^{18}（kg／m^3）にもなります。これを2章でみた様々な質量と比較し

てみましょう。

例えば、中性子星の密度を1㎝³あたりで書くと10^{12}kg／㎝³ですので、中性子星から1㎝³を取り出すと、そこには地球上の全人類の体重（4×10^{11}kg）の2倍ぐらいが詰め込まれていることになります。また、中性子星から牛乳パック1つ分の大きさ（1リットル＝10^3㎝³）を取り出すと、そこには10^{15}kgが含まれており、これは富士山の質量に匹敵します。中性子星がとんでもない天体であることが分かりますね。

中性子星は「巨大な原子核」ともいえる天体です。あらゆる原子は中心部の原子核と、その周りに存在する電子でできています。そして、中心の原子核は陽子と中性子でできています（図4-6）。図に描くのは難しいのですが、陽子や中性子の大きさは10^{-15}m程度なのに対し、電子が存在する範囲、すなわち「原子の大きさ」は10^{-10}m程度です。つまり、原子核は原子よりも10万倍も小さいのです。陽子と中性子の質量は10^{-27}kg程度ですので、原子核の密度は、10^{18}kg／m³程度にもなります。

これは、中性子星の密度とちょうど同じ程度です。すなわち中性子星は、原子の中に存在する非常に小さくて密度の高い原子核だけを、ぎゅうぎゅうにしきつめて10㎞まで巨大化させ

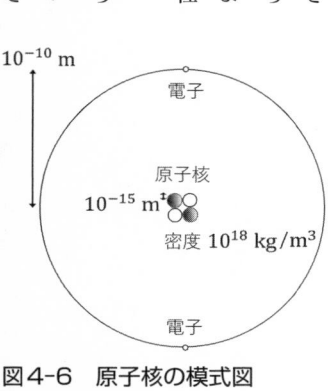

図4-6　原子核の模式図

せた天体と見なすことができます。

星の中心に中性子星という高密度の「硬い芯」ができると、星の重力崩壊は止まります。中心部が急に止まるため、一緒に落ちてきた星の外層部は、その硬い芯に当たるように、外側に跳ね返されます。この跳ね返りによって星は爆発を始めます。しかし、物質が外側に行こうとると同時に、星の外層部分はどんどん中心に向かって落下していきます。これは滝を登ろうとする魚のような状態です。そのため、実は星が爆発を起こすのは簡単ではありません。

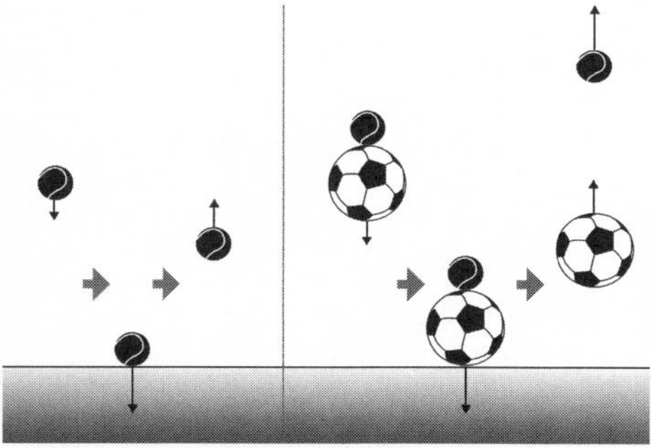

ここで、超新星爆発のメカニズムを単純化して考えてみましょう。

まず、星の中心に向かって落ちていく物体が跳ね返るプロセスを単純化して、テニスボールを地面に落とすことを考えてみます。ただ手を離すだけでは、テニスボールは決して最初の地点よりも高く跳ね上がることはありません。これはエネルギーの保存則で説明できます（図4-7左）。高いところにあるボールは「位置エネルギー」（mgh）をもっており、落下するにつれて位置エネ

図4-7　落下するボールの運動

71

ルギーは「運動エネルギー」（$\frac{1}{2}mv^2$）に変わります。つまり、テニスボールの速度が速くなります。そして、跳ね返ることでボールの向きが変わって上向きに進みます。このとき、もしボールがとてもよく弾むとしても、エネルギーの向きが変わってボールは最初の地点に戻ってくるだけです。

実際は跳ね返りによりエネルギーは失われるので、最初の地点にも戻ってきません。

では、なぜ星は爆発できるのでしょうか？　そのためには何らかのエネルギーの受け渡しが必要です。

今度は、サッカーボールの上にテニスボールを置いて落下させてみましょう（図4-7右）。すると、テニスボールは驚くほど大きく跳ね上がります（室内で行うときは周りに注意してください！）。これは、サッカーボールが変形したときに蓄えたエネルギーが、元に戻ろうとするときにテニスボールに受け渡されたからです。つまり、サッカーボールがバネのような役割を果たしたのです。

ここでサッカーボールを中心に残る中性子星に、テニスボールを飛んでいく星の外層に置き換えてみると、星が爆発を起こす様子がイメージしやすいと思います。星の場合は重力の源は自分自身のため、位置エネルギーの式は万有引力による重力エネルギーの式を使います（図4-8）。

1000km程度の星の中心部が、10km程度に落下すると、そのとき蓄えられるエネルギーは6×10^{46}ジュールにもなります。一方で、超新星爆発の観測から、大質量星の爆発では、太陽の10倍

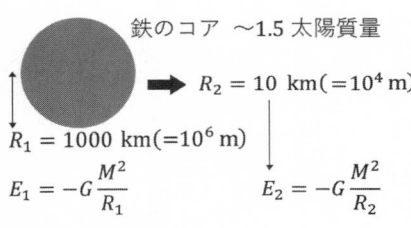

鉄のコア 〜1.5 太陽質量

$R_2 = 10 \ \mathrm{km}(=10^4 \ \mathrm{m})$

$R_1 = 1000 \ \mathrm{km}(=10^6 \ \mathrm{m})$

$E_1 = -G\dfrac{M^2}{R_1}$　　　　$E_2 = -G\dfrac{M^2}{R_2}$

使えるエネルギー

$E = E_1 - E_2 = -G\dfrac{M^2}{R_1} - \left(-G\dfrac{M^2}{R_2} \right)$

$\cong 6.7 \times 10^{-11} \times (3 \times 10^{30})^2 \times \left(-\dfrac{1}{10^6} + \dfrac{1}{10^4} \right)$

$\cong 6 \times 10^{46} \ \mathrm{J}$

図4-8　超新星のエネルギー源

程度の質量が、秒速3000㎞程度で膨張していることが知られています。そこから、爆発する物質の運動エネルギーを計算すると、10[44]ジュール程度であることが分かります。つまり、蓄えた重力エネルギーの1％程度を外側に渡すことができれば、大きく跳ねたテニスボールと同様に、星の爆発は「成功」といえるのです。

このとき、もっとも大きな問題は、落ちてきたガスが中性子星に跳ね返されただけでは、さらに落ちてくる物質に打ち勝って爆発を成功させることができないことです。ここで重要な役割を果たすのがマルチメッセンジャー天文学で注目される「ニュートリノ」です。中性子星は中心に潰れることで、重力エネルギーを熱に変えて熱くなります。すると、中性子星からは大量のニュートリノが放出されます。ニュートリノは物質とほとんど相互作用しない素粒子ですが、超新星爆発が起きるときの星の中心部は非常に密度が高いため、ニュートリノの一部は物質に吸収され、エネルギーを受け渡すことができます。つまり、星はニュートリノの助けによっ

て大爆発を起こすと考えられているのです（図4-9）。

では、このような爆発のメカニズムの理解は「正しい」のでしょうか？　実は、超新星爆発のメカニズムはまだ完全には明らかになっていません。それを検証するために重要な役割を果たすのがマルチメッセンジャー天文学です。超新星爆発のメカニズムにはニュートリノが重要な役割を果たすと考えられています。さらに、爆発の瞬間には重力波も放出されることが知られています。そのため、超新星爆発からの電磁波（光）だけでなく、ニュートリノや重力波を一緒に観測することができれば、超新星爆発のメカニズムをより深く理解することができるのです。超新星爆発からのニュートリノ・重力波シグナルについては、7、8章から詳しく紹介していきますので、楽しみにしてください。

また、超新星爆発はマルチメッセンジャー天文学で重要な中性子星やブラックホールを作り出す現象でもあります。通常、超新星爆発の後には星の中心に中性子星が残されると考えられています。実際に、銀河系内の超新星残骸の中心部を見ると、中性子星がいることが知られています。また、一部の超新星爆発は完全には爆発しないかもしれ

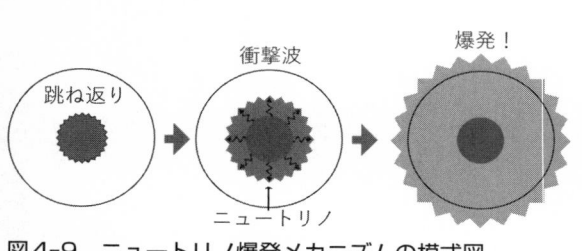

跳ね返り

衝撃波

ニュートリノ

爆発！

図4-9　ニュートリノ爆発メカニズムの模式図

図4-10　銀河系外で発見された超新星爆発

ません。その場合は中性子星にどんどん物質が落ちていき、最後には中性子星が重くなりすぎてしまい、ブラックホールができるでしょう。どのような場合に中性子星ができ、どのような場合にブラックホールができるのかはまだ解明されておらず、この問題に関しても、将来のマルチメッセンジャー天文学が新たな情報をもたらしてくれると期待されています。

4・3　超新星爆発の電磁波観測

宇宙で星が爆発しているということは、電磁波による天文学で検証されてきました。図4−10は私たちの銀河系の外で観測された超新星爆発の例です（可視光画像）。右の画像には、左の画像で写っていない明るい「点」が見えるのが分かります。これが超新星爆発です。意外に地味と思われるかもしれませんが、この天体の明るさは太陽の10億

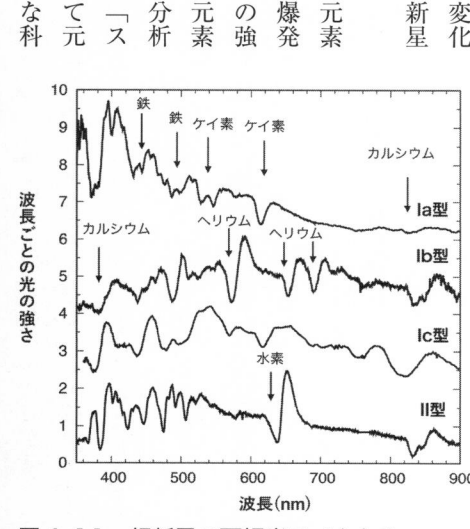

倍にも達し、1億光年以上離れた超新星爆発であっても、口径50cm程度の比較的小さな望遠鏡でその姿を捉えることができます。

超新星爆発をとてつもなく輝かせる主な熱源は、ニッケル56（質量数が56のニッケル）という元素です。この元素は、超新星爆発の際に星の中心部が超高温になることで作り出されます。宇宙空間に放出されたニッケル56は、「放射性崩壊」を起こしてコバルト、さらに鉄へと変化し、崩壊によって放出されるエネルギーで超新星が明るく輝くのです。

超新星爆発が起きると、星の中で作られた元素が宇宙空間にばらまかれます。実際に超新星爆発からの光を波長方向に分けて、波長ごとの光の強さを詳細に調べると、超新星爆発が放出した元素の種類を調べることができます。このような分析は「分光」と呼ばれ、波長ごとの光の強さは「スペクトル」と呼ばれます。スペクトルを使って元素の分析を行うことは、天文学に限らず様々な科

図4-11　超新星の可視光スペクトル

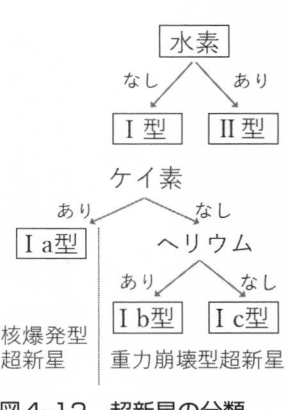

図4-12　超新星の分類

学分野で共通の技術ですので、ご存じの方が多いのではないでしょうか。

図4-11が超新星の可視光スペクトルです。異なる元素は、異なる波長の光を吸収するため、スペクトルの特徴から様々な元素が同定されています。

超新星のスペクトルの特徴にはいくつか種類があり、大きく4つの種類に分類されています（図4-12）。まず、スペクトルに水素がないものがⅠ型、水素があるものがⅡ型と分類されています。水素がないⅠ型はさらに分かれ、ケイ素の特徴が強く現われているものをⅠa型、ヘリウムの特徴が強く現われているものをⅠb型、どちらもそれほど強くないものをⅠc型と分類します。

では、このような超新星のスペクトルの違いは何を意味しているのでしょうか？

これまで見てきたように、大質量星は一生の最後にたまねぎ構造を作り（図4-4）、爆発を起こします。このとき、星のもっとも外側には水素が残っていますので、爆発した星を観測すると、水素が見えることが期待されます。つまり、大質量星の重力崩壊型超新星はⅡ型の超新星として観測されます。

さらに一部の大質量星は、星の進化の最中に自身の水素層やヘリウム層を吹き飛ばしてしまうことが知られています。これは「星風」と呼ばれており、実際に銀河系にある多くの星で観測されています。このような星は爆発直前にたまねぎの一番外側にある水素が剝がれているので、Ⅰ型超新星として観測されます。例えば、水素だけが剝がれていると、ヘリウムがむき出しになるので、Ⅰb型超新星として観測されます。また、さらにヘリウムも剝がれているような星の場合はⅠc型超新星として観測されます。つまり、Ⅱ型、Ⅰb型、Ⅰc型超新星はすべて大質量星が起こす重力崩壊型超新星なのです。

一方で、Ⅰa型超新星は全く異なるメカニズムの爆発であることが知られています。次節では、このⅠa型超新星の正体を見ていきます。

4-4 核爆発型超新星

大質量星は進化が進むにつれ、徐々に重い元素を中心に合成していき、最後に重力崩壊を起こして爆発に転じます。一方で、太陽のような軽い星の一生はその様子が大きく異なります。太陽のような星

図4-13　白色矮星（矢印の先）(NASA, ESA, H. Bond (STScI) and M. Barstow (University of Leicester))

は、ヘリウムの核融合によって炭素や酸素を作った後に、そのまま一生を終えてしまうことが知られています。このとき中心には「白色矮星(わいせい)」という天体が残されます(図4-13)。

これまで、星は核融合をしないと重力に対抗できずに潰れてしまうと説明してきました。ではなぜ核融合をしていない白色矮星は潰れてしまわないのでしょうか?

それは、電子の「縮退圧」という全く違う力が白色矮星を支えているからです。通常、気体の圧力は気体を構成する粒子が激しく運動することで生まれています。その運動は気体の温度が高いほど激しく、圧力は温度に比例します。「$PV=nRT$」という気体の状態方程式を覚えている人も多いでしょう。この式は温度Tが高いほど圧力Pが高くなることを意味しています。

では逆に、温度を低くしていくと何が起きるのでしょうか? この場合、粒子は運動を止めてしまい、温度がゼロになると圧力もゼロになりそうです。しかし、量子力学によると、粒子のエネルギーを完全にゼロにすることはできません。粒子を狭い領域に詰め込んでいくと(=密度を高くすると)、電子がそれ以上詰め込まれることを阻止するようになり、圧力が発生します。これが縮退圧と呼ばれる圧力です。満員電車をイメージしてもらうと分かりやすいかもしれません。電車に乗れる人の数が決まっているのに、あまりに人を詰め込もうとすると、反発力が生まれますよね。太陽のような星の場合、中心部の密度が10^9 kg/m^{3}と非常に高くなると、この縮退圧が重力に対抗するようになり、核融合をしなくても安定な白色矮星が誕生します。こうし

て、太陽のような軽い星は静かに一生の最期を迎えます。

ちなみに、天文写真で人気の高い「惑星状星雲」は、太陽のような軽い星の最期の姿です。星の中心部に白色矮星が作られる一方で、その外側の部分は宇宙空間に放出されます。このとき、できたての白色矮星からの強い光で外側に放出されたガスが照らされ、私たちはこの様子を美しい星雲として観測することができるのです（図4–14）。

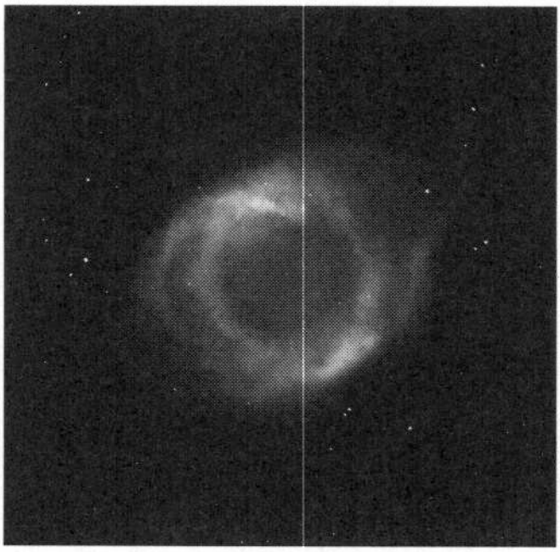

このように、軽い星の一生は重い星より地味に見えます。しかし、白色矮星の隣にもう一つ星がある場合は、その人生が劇的に変わることがあります。

実は、宇宙に存在する星の多くは、2つの星がお互いの周りを回る「連星系」をなして存在しています。連星系をなす2つの星の距離が近いと、片方の星からもう一方の星にガスが移動したり、極端な場合は2つの星が合体を起こしたりします。白色矮星が連星系に存在し、隣の星から質量を供給されることで、または2つの白色矮星が合体を起こすことで、その質量が太陽の1.4倍程度まで重くなると、星の中心で核融合が再燃することが知られています。

図4–14　惑星状星雲
(NASA, NOAO, ESA, the Hubble Helix Nebula Team, M. Meixner (STScI), and T.A. Rector (NRAO))

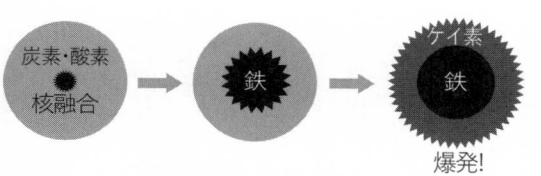

炭素・酸素
核融合

鉄

ケイ素
鉄

爆発!

図4-15　核爆発型超新星の模式図

さきほど紹介したように、白色矮星は電子の縮退圧で支えられているため、核融合をしなくても安定な星でした。しかし、このような状態で核融合がふたたび起こりはじめると、不必要なエネルギーが発生してしまいます。これは星にとっては危機的状況です。このとき、核融合が星全体で起きると、白色矮星は大爆発を起こしてしまいます。これがもう一つの超新星爆発のメカニズムで、「核爆発型超新星」（図4-15）と呼ばれています。

中心に中性子星やブラックホールを残す重力崩壊型超新星と異なり、白色矮星の核爆発では星全体が大爆発を起こします。そのため中心には何も残りません。さらに、核融合が爆発の引き金となるため、もともと炭素と酸素だった白色矮星は、そのほとんどが鉄やケイ素に変わってしまいます。ケイ素が大量に合成されることから、核爆発型超新星はⅠa型超新星として観測されるのです。

重力崩壊型超新星と異なり、核爆発型超新星の爆発のメカニズムは比較的よく理解されています。しかし、白色矮星がどのようにして爆発に至るかの道筋には、まだまだ多くの謎が残されています。特に、普通の星から質量をもらって爆発に至るのか、それとも白色矮星どうしが合体して爆発

に至るのか、長く論争が続いています。実はこの問題を解く鍵も、将来のマルチメッセンジャー天文学によってもたらされると期待されており、それに関しては12章で紹介します。

　ここで、様々な星の一生と2種類の超新星爆発を図4－16にまとめておきます。太陽の約10倍以下の比較的軽い星は、一生の最後に白色矮星になります。白色矮星のうち、連星系にあって相手の星から質量をもらったり、白色矮星が合体したりする一部の場合は、核爆発型超新星に至ります。そして、この現象はIa型超新星として観測されます。

　一方で、重い星は一生の最期に中心に鉄

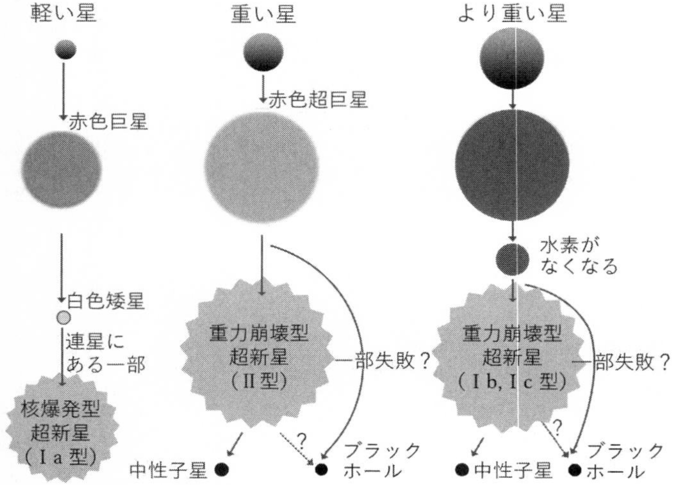

軽い星 → 赤色巨星 → 白色矮星 → 連星にある一部 → 核爆発型超新星（Ia型）

重い星 → 赤色超巨星 → 重力崩壊型超新星（II型）→一部失敗？ → 中性子星● ／ ？ ●ブラックホール

より重い星 → 水素がなくなる → 重力崩壊型超新星（Ib, Ic型）→一部失敗？ → ●中性子星 ／ ？ ●ブラックホール

図4-16　星の進化のまとめ

を作り、重力崩壊することで超新星爆発に至ります。この現象はⅡ型超新星爆発として観測されます。星の外層が剝がれている場合は、Ib型・Ic型の超新星となるでしょう。爆発の後には中性子星が残ります。一部の星は爆発するのに失敗して、もしくは弱々しく爆発しながら中心に物質が落ち込むことで、ブラックホールを作ると考えられています。

このような全体像は理解されていますが、どれぐらい重い星が重力崩壊型超新星を起こすかという正確な境目は分かっていません。また、どのような場合に中性子星ができ、どのような場合にブラックホールができるかの条件も解明されていません。これらの問題に答えるには、超新星爆発のメカニズムを解明しなければなりませんし、宇宙にどのような中性子星やブラックホールがどれぐらい存在しているかという天文観測による「国勢調査」が必要となります。マルチメッセンジャー天文学は、これらの問いに答えるのに重要な役割を果たすと期待されています。

4・5　元素の起源

これまで見てきた通り、星は一生の中で様々な元素をその内部で作り出し、さらに超新星爆発の瞬間にも様々な元素を作り出し、宇宙空間に放出しています。このように、恒星や超新星爆発は宇宙における様々な元素の起源としても重要な天体です。本節では私たちの身のまわりにある元素の

起源について考えていきましょう（図4－17）。

現在、私たちの宇宙は膨張していることが知られています。つまり、どんどん過去にさかのぼると、宇宙はそのうち一点に集まってしまいます。このことは、私たちの宇宙には「始まり」があったことを意味しています。

始まったばかりの宇宙は非常に熱い状態で、陽子（水素原子の原子核）や中性子、電子が飛び交っている状態でした。

宇宙の膨張によって温度が下がると、陽子と中性子が結合することで、ヘリウムと少量のリチウムが合成されます。このとき物質の約75％が水素で、約25％がヘリウムとなりました。これは現在の宇宙でもほとんど変わっておらず、宇宙の物質のほとんどは水素とヘ

						2 He ヘリウム
5 B ホウ素	6 C 炭素	7 N 窒素	8 O 酸素	9 F フッ素	10 Ne ネオン	
13 Al アルミニウム	14 Si ケイ素	15 P リン	16 S 硫黄	17 Cl 塩素	18 Ar アルゴン	

28 Ni ニッケル	29 Cu 銅	30 Zn 亜鉛	31 Ga ガリウム	32 Ge ゲルマニウム	33 As ヒ素	34 Se セレン	35 Br 臭素	36 Kr クリプトン
46 Pd パラジウム	47 Ag 銀	48 Cd カドミウム	49 In インジウム	50 Sn 錫	51 Sb アンチモン	52 Te テルル	53 I ヨウ素	54 Xe キセノン
78 Pt プラチナ	79 Au 金	80 Hg 水銀	81 Tl タリウム	82 Pb 鉛	83 Bi ビスマス	84 Po ポロニウム	85 At アスタチン	86 Rn ラドン
110 Ds ダームスタチウム	111 Rg レントゲニウム	112 Cn コペルニシウム	113 Nh ニホニウム	114 Fl フレロビウム	115 Mc モスコビウム	116 Lv リバモリウム	117 Ts テネシン	118 Og オガネソン

63 Eu ユウロピウム	64 Gd ガドリウム	65 Tb テルビウム	66 Dy ジスプロシウム	67 Ho ホルミウム	68 Er エルビウム	69 Tm ツリウム	70 Yb イッテルビウム	71 Lu ルテチウム
95 Am アメリシウム	96 Cm キュリウム	97 Bk バークリウム	98 Cf カリホルニウム	99 Es アインスタイニウム	100 Fm フェルミウム	101 Md メンデレビウム	102 No ノーベリウム	103 Lr ローレンシウム

リウムからなっています（図4-18）。宇宙が始まった直後には、水素とヘリウム、リチウムしか存在していなかったわけですが、現在、私たちの身のまわりには様々な元素が存在しています。

例えば、私たちは無意識に呼吸をして、窒素と酸素を吸い込んでいます。また、私たちの体には炭素、酸素、カルシウムなどの元素が含まれています。もしこの本を紙で読んでいれば、その紙には炭素と酸素が含まれています。そして、今皆さんがいる建物には多くの鉄が使われているでしょう。このように、私たちの生活に欠かせない様々な元素は宇宙が始まったときには存在していなかったのです。

宇宙で星が誕生するようになると、その内

1 H 水素								
3 Li リチウム	4 Be ベリリウム							
11 Na ナトリウム	12 Mg マグネシウム							
19 K カリウム	20 Ca カルシウム	21 Sc スカンジウム	22 Ti チタン	23 V バナジウム	24 Cr クロム	25 Mn マンガン	26 Fe 鉄	27 Co コバルト
37 Rb ルビジウム	38 Sr ストロンチウム	39 Y イットリウム	40 Zr ジルコニウム	41 Nb ニオブ	42 Mo モリブデン	43 Tc テクネチウム	44 Ru ルテニウム	45 Rh ロジウム
55 Cs セシウム	56 Ba バリウム	*1	72 Hf ハフニウム	73 Ta タンタル	74 W タングステン	75 Re レニウム	76 Os オスミウム	77 Ir イリジウム
87 Fr フランシウム	88 Ra ラジウム	*2	104 Rf ラザホージウム	105 Db ドブニウム	106 Sg シーボーギウム	107 Bh ボーリウム	108 Hs ハッシウム	109 Mt マイトネリウム

*1 ランタノイド	57 La ランタン	58 Ce セリウム	59 Pr プラセオジム	60 Nd ネオジム	61 Pm プロメチウム	62 Sm サマリウム
*2 アクチノイド	89 Ac アクチニウム	90 Th トリウム	91 Pa プロトアクチニウム	92 U ウラン	93 Np ネプツニウム	94 Pu プルトニウム

図4-17　元素の周期表

部で核融合が起き、ヘリウムより重い元素が合成され始めます。そして、星が超新星爆発を起こすことで、それらの元素は宇宙空間にばらまかれます。さらに、様々な元素を含んだ宇宙空間から次の世代の星が生まれ、再び爆発を起こします。

このように宇宙空間の元素量は徐々に増えていきます。そして、私たちの太陽が生まれました。太陽が生まれたときの宇宙には、すでに多様な元素が存在していたので、太陽の中にはヘリウムより重い元素が含まれています。ただし、ヘリウムより重い元素を全て合計しても、その割合は2％程度に過ぎません（図4−18）。私たちの地球は太陽を作ったガスと同じ原料でできていますので、やはり地球にも多様な元素が存在しているのです。

恒星の進化や超新星爆発の研究から、それぞれの元素が主にどこで作られてきたのかは大まかには理解さ

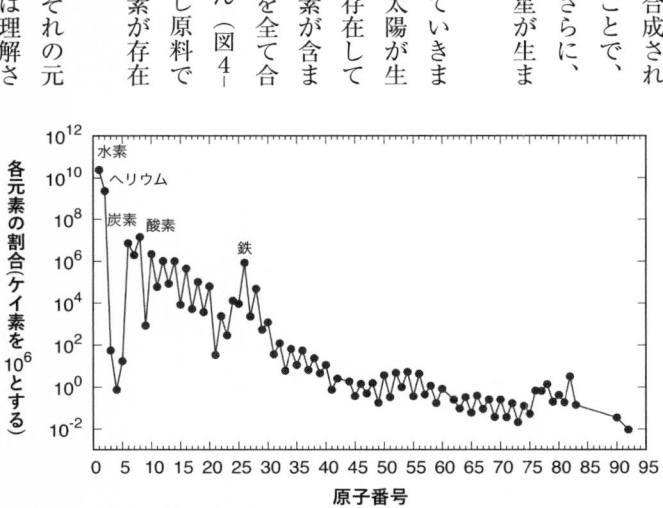

図4-18 太陽系の元素組成（原子番号ごと）

れています。

例えば、炭素の主な起源は太陽の10倍よりも軽い星で、進化の末に表面から放出されたものです。

酸素やナトリウム、マグネシウムは重い星の中で作られ、重力崩壊型超新星爆発で放出されたものです。鉄は重い星でも作られますが、重い星の中心部は最後に中性子星に潰れてしまうので、宇宙の鉄の半分以上は、核爆発型超新星で作られたものです。つまり、皆さんは呼吸をするたびに重力崩壊型超新星で放出された元素を吸い込んでいて、核爆発型超新星が作った鉄のおかげで作られた建物に住んでいます。

さて、星の中や超新星爆発では主に鉄までの元素が合成されますが、元素の周期表を見ると、鉄よりも重い元素がたくさん存在していることが分かります。それらの元素は宇宙のどこでできたのでしょうか?

実は、これらの元素を作るのは一筋縄ではいきません。なぜなら、鉄は元素の中でもっとも安定な元素だからです。安定ということは、もっともエネルギーが低いと言い換えることもできます。本章で説明した通り、鉄ができてしまうとそれより重い元素を作ることでエネルギーを取り出すことはできないため、星には鉄よりも重い元素を作りたくなる理由がないのです。

では、鉄より重い元素はどうやってできたのでしょうか?　その鍵を握るのが中性子です。

鉄はすでに陽子を26個もっているため、そこに電荷をもった陽子をさらにつけることは容易で

はありません。一方で、電荷をもたない中性子であれば、簡単にくっつけることができます。しかし、鉄に中性子をくっつけてもそれはまだ鉄です。陽子の数が同じで中性子の数が違う元素は「同位体」と呼ばれます。つまり、鉄に中性子をくっつけても鉄の同位体ができるだけです。

ただし、中性子を多く含む同位体は不安定になります。そのため、時間がたつと原子核は放射性崩壊によって安定な原子核へと変化します。中性子を多く含んだ原子核が放射性崩壊を起こすと、原子核の中の中性子が陽子に変わり、電子が飛び出してきます。この飛び出してくる電子は「ベータ線」とも呼ばれるので、このような放射性崩壊は「ベータ崩壊」と呼ばれています。

中性子が陽子に変わると、原子番号が一つ増えますので、これで晴れて新しい元素を作ることができます。つまり、中性子をくっつけることで、陽子をくっつける難しさを回避しながら、新しい元素ができるのです。このような反応は「中性子捕獲反応」と呼ばれます。

中性子捕獲反応には大きく2種類あることが知られています。中性子をくっつけるたびにベータ崩壊が起きる場合と、一気にたくさん中性子をくっつけた後にベータ崩壊が起きる場合です。前者は中性子捕獲のペースがベータ崩壊よりも遅い（slow）ので、その頭文字をとって「sプロセス」、後者は中性子捕獲のペースが速い（rapid）ので「rプロセス」と呼ばれています。

sプロセスとrプロセスの様子は、図4–19の「核図表」を見るとよく分かります。

核図表は、元素の周期表を中性子数が分かるように拡張したもので、横軸が中性子の数、縦軸

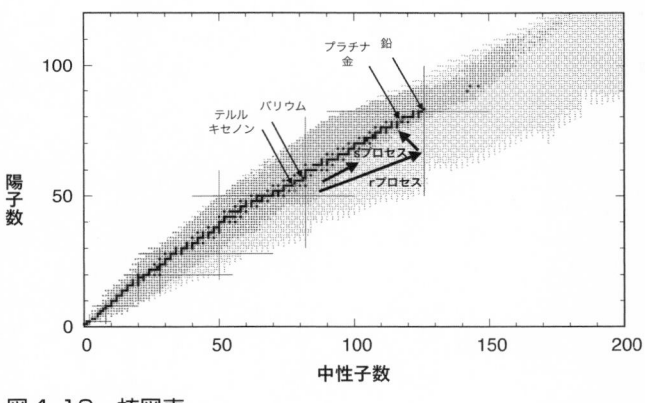

図4-19　核図表

が陽子の数を表しています。上に進むほど陽子数が大きくなり、原子番号が増えていきますので、縦方向は異なる元素を表します。一方で、右に進むと原子番号は同じのまま中性子数が増えるので、横方向は同じ元素の同位体を表します。

中性子捕獲反応は、中性子を捕らえる反応ですので、核図表上では右に向かって進みます。一方で、ベータ崩壊は中性子が陽子に変わるので、核図表では左上に動きます。図にある通り、sプロセスでは、中性子捕獲で右に一歩動くたびにベータ崩壊で左上にも動くので、安定な原子核に沿って進んでいきます。一方のrプロセスでは、複数の中性子を捕獲したあとにベータ崩壊が起きるので、安定な原子核の集団から大きく離れた経路を通ることが分かります。

それぞれの中性子捕獲反応でできる元素の種類は、原子核がもつ重要な性質によって決まっています。原

子核には、ある数の陽子や中性子をもつと安定になることが知られており、このときの陽子や中性子の数は「魔法数」と呼ばれています。中性子の魔法数は2、8、20、28、50、82、126で、図4ー19の核図表で縦線で示されています。原子核は、このラインの場所にとどまりたがる性質をもっているため、例えばsプロセスでは、その経路と魔法数のラインが交差するバリウム（中性子数82）と鉛（中性子数126）が作られやすくなります。実際に、太陽系の元素組成を詳細に見ると、バリウムと鉛の存在量が周りの元素よりも多いことが見てとれます（図4ー20）。

一方rプロセスは、核図表を大きく右側にそれて進むので、安定な原子核から大きく離れたところで中性子の魔法数に当たります。そこからベータ崩壊を起こして左上に戻るので、最終的にはsプロセスよりも少し軽い（核図表では下側の）元素を多く作りやすいということが予想されます。太陽系の元素組成をもう一度見ると（図4ー20）、確かにバリウムより少し軽い側（テルルやキセノン）と、鉛より少し軽い側（金やプラチナ）の存在量にそれぞれピークがあるのが分かります。つまり、太陽系の元素組成は、宇宙でsプロセスとrプロセスの両方が起きていることを物語っているのです。

では、宇宙のどのような天体でこのような中性子捕獲反応が起きているのでしょうか？ここで問題になるのは、中性子は15分程度で陽子に崩壊してしまうことです。つまり、中性子捕獲反応が起きるためには、中性子をその場で作れる、もしくは取り出せるような環境が必要に

90

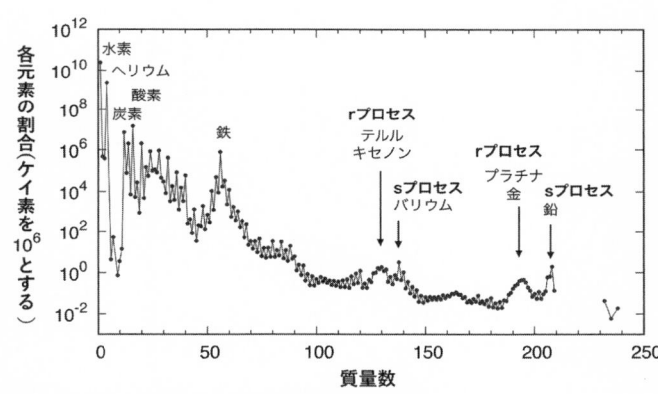

図4-20　太陽系の元素組成（質量数ごと）

なります。

　軽い星では、進化の進んだ星で起きる核融合反応によって、中性子が少しずつ作られることが知られており、その中性子を使ってsプロセスが起きると考えられています。実際に、そのような星を分光観測すると、sプロセスで合成される元素が多く見られることも確認されているため、sプロセスの起源天体は観測的にも裏付けを得ているといえます。

　一方で、宇宙のどこでrプロセスが起きているのかは、長年にわたって解決されていません。rプロセスには大量の中性子が必要なことから、中性子星に関係する現象であることが予想されています。

　中性子星から物質を引き剝がすことができれば、そこでrプロセスが起きることが期待できます。これに最適なのは、まさに超新星爆発ですね。重力崩壊型超新星では、中性子星の周りから外側に物質が吹き飛ば

されるので、以前からrプロセス元素の起源として期待されてきました。しかし、先述の通り超新星爆発のメカニズムはまだ明らかになっていないため、超新星爆発でrプロセスが起きるかどうかはまだ分かりません。さらに、近年の超新星爆発のコンピュータシミュレーションによって、rプロセスを起こすのは難しいのではということが分かりつつあります。もしかしたら、全く別の現象がrプロセス元素を作っているのかもしれません。これはマルチメッセンジャー天文学の大きな話題の一つですので、今後の章で少しずつ紹介していきます。

5章——ガンマ線バースト

超新星爆発の次は、宇宙で最大規模の爆発現象といわれる「ガンマ線バースト」を紹介します。

ガンマ線バーストの起源は長らく謎に包まれていましたが、天文観測の進歩によって、天体までの距離が分かり、さらに超新星爆発との関連が分かったことで、その理解が大きく進みました。そして、今まさにマルチメッセンジャー天文学によってその理解はさらに進んでいます。

本章では、ガンマ線バーストの歴史と現在の理解についてまとめます。

5-1 ガンマ線バーストとは

ガンマ線バーストとは、空のある方向から強烈に強いガンマ線が短い時間だけやってくるという現象です。歴史の始まりは1967年のことでした。アメリカのベラ衛星によって、宇宙から

やってきた10秒程度の強いガンマ線シグナルが捉えられました。実は、この衛星は、地上で核実験が行われていないかを監視するための衛星だったため、天文学的な現象として世界に発表されたのは1973年のことでした。

宇宙からの強いガンマ線がやってくるということだけでは、なかなかその起源に迫ることができません。なぜなら、ガンマ線を観測するための望遠鏡は、天体の位置を決定する性能が高くなく、それが宇宙のどこで起きたのかが正確には分からないためです。天体がどこにあるかが分からないということは、天体までの距離が分からないということです。天体までの距離が分からないと、ある光の強さを観測しても、天体が放った真の光の強さは分かりません。宇宙空間は広大ですので、例えば太陽系の中にいるのか、銀河系の外にいるのかの違いで、真の光の強さは分かりません。宇宙空間は広大ですので、例えば太陽系の中にいるのか、銀河系の外にいるのかの違いで、真の光の

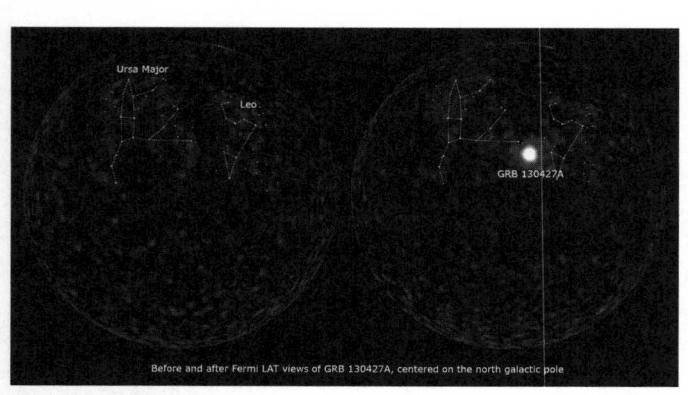

図5-1　ガンマ線バースト
(NASA/DOE/Fermi LAT Collaboration)

強さは何十桁も変わってしまいます。これではどのような天体が起こす、どのような規模の現象なのかが全く分かりません。実際に、1990年代には100以上（！）のガンマ線バーストの起源が提唱されていました。

このときに提唱されていたシナリオは、大きく「銀河系内説」と「銀河系外説」に分けられます。

ガンマ線バーストがより遠くにあると、ある観測された光の強さを説明するためには、ガンマ線バーストの真のエネルギーは高くなければいけません。実際、ガンマ線バーストが銀河系外にあるとすると、ガンマ線バーストが放つ電磁波の総エネルギーは 10^{46} ジュールにもなってしまいます。これは超新星爆発の運動エネルギー（10^{44} ジュール）の実に100倍です。しかも、そのエネルギーがたった10秒程度で放出されていないといけません。そのため、エネルギー量としては銀河系内説の方が受け入れられやすいといえます。

この状況が大きく変わったのは1997年です。BeppoSAX（ベッポサックス）という衛星が、ガンマ線バーストに続くX線の「残光」を捉えたのです。

X線の検出器は、ガンマ線の検出器よりもよりシャープな画像を取得できるため、ガンマ線バーストの場所を特定すべく、BeppoSAXにはX線のカメラが搭載されていました。このX線の画像から得られた正確な位置をもとに、可視光の望遠鏡で詳細にその場所を観測すると、そこに

銀河系外の銀河がいたのです（図5-2）。こうして、ガンマ線バーストが銀河系の外にあることが分かり、極めて高いエネルギーをもつ現象であるということが分かりました。

ではガンマ線バーストは、どのような現象によって引き起こされているのでしょうか？ エネルギーの高い電磁波であるガンマ線を強く放出するためには、光の速さに近い速度で運動する物質が存在していることが必要となります。3章で登場した「相対論的ジェット」です。3章では、銀河の中心からジェットが出ている「ブレーザー」という天体を紹介しました。そして、その根元にいたのは（超巨大）ブラックホールでした。ガンマ線バーストの場合も同様に、ブラックホールが中心にあり、ジェットを放出している現象だと考えられています。

ガンマ線バーストとして観測される電磁波エネルギーは 10^{46} ジュールにもなるのですが、これは全方向に電磁波が放出されたと考えた場合です。ジェットは細く絞られた高速な物質の流れで、強いガンマ線もジェットの方向にだけ強く放たれます。ですので、ジェットが放つ真

図5-2　ガンマ線バースト（GRB 970228）が発生した銀河（Andrew Fruchter (STScI), Elena Pian (ITSRE-CNR), and NASA/ESA）

のエネルギー量は、その100分の1程度の10^{44}ジュール程度であると考えられます。4章で見たように、小さい天体へ物質が落ちることで解放される重力エネルギーは10^{46}ジュールに達しますので、ガンマ線バーストを説明できるエネルギーは十分にありそうです。

そこで、次節からは、実際にどのようにブラックホールができて、ガンマ線バーストが引き起こされるかを説明していきます。

5-2 ガンマ線バーストの起源

ガンマ線バーストはその継続時間によって大きく二つに分けられ、2秒以上続くものは「ロングガンマ線バースト」、2秒以下のものは「ショートガンマ線バースト」と呼ばれます。

ロングガンマ線バーストの起源について大きな手がかりが得られたのは、残光が初めて捉えられた翌年の1998年のことです。BeppoSAX衛星がガンマ線バースト（GRB 980425）を検出した後、同じ場所から超新星爆発（SN 1998bw）が発見されたのです（図5-3）。つまり、超新星爆発がガンマ線バーストも引き起こしていたと考えられるのです。ただし、このときはガンマ線バーストの位置がそれほど正確には決まっておらず、同じ方向で偶然ガンマ線バーストと超新星という二つの（関係ない）現象がおきたという可能性が厳密にはゼロではありませんでした。

97

より強い証拠が得られたのは2003年のことです。今度はHETE-2というガンマ線バースト専用衛星によって、ガンマ線バースト（GRB 030329）が検出されました。さらに、残光の観測によって正確に位置が決定され、その天体を継続的に観測していった結果、その光が残光の特徴から超新星（SN 2003dh）の特徴へと進化していったのです。これでロングガンマ線バーストが超新星爆発に関係する現象だということが決定的となりました。

これらの超新星を分光観測したところ、水素とヘリウムがないスペクトルが得られました。4章で紹介した分類方法によると、Ic型超新星です（図5-4）。

ただ、そのスペクトルには普通の超新星と大きく異なる点がありました。それは速度です。超新星爆発では爆発した星が膨張しているため、光のドップラー効果によって、元素ごとの特徴が実験室で測る波長とずれて観測されます。ドップラー効果といえば、救急車のサイレンで音の高さが変わる現象で有名ですね。救急

図5-3　GRB 980425/SN 1998bwの
　　　　画像（ESO）

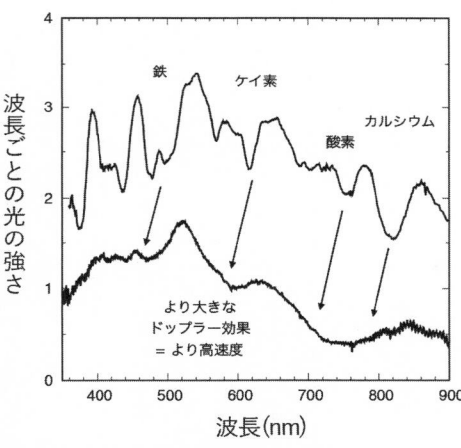

図5-4　SN 1998bwのスペクトル

車が近づいてくるときは、音を伝える波の周波数が高くなるため、サイレンの音が高くなり、遠ざかるときは周波数が低くなるため音が低くなります。光の場合も同じで、超新星の場合は、爆発で向かってくるガスが光の吸収を起こすので、吸収される光の周波数が高く、つまり波長が短くなります。　超新星のスペクトルを見ると、確かに実験室で見られる元素の波長よりも短い側で吸収が起きていることが分かっています。

ここで普通の超新星とSN 1998bwのスペクトルを比較してみましょう（図5-4）。

SN 1998bw の方が、より波長の短い側に元素の特徴が現れているのが分かります。つまり、ガンマ線バーストに付随する超新星の方が、膨張速度が速いのです。ドップラー効果の度合いから膨張の速度を測ったところ、膨張の速度は秒速3万0000 kmにも及ぶことが分かりました。これは普通のIc型超新星の3倍から5倍にもなります。膨張速度が速いということは、運動エネルギーが大きいということです。運動エネルギーは$E=$

99

$(1/2) mv^2$ と書けるので、ロングガンマ線バーストを引き起こす超新星は普通の超新星よりも10倍程度強力な爆発現象であることが分かります。

ここで、ロングガンマ線バーストのシナリオをまとめます（図5−5）。

爆発を起こす星は大質量星で、爆発の直前にはすでに何らかの理由により、水素とヘリウムが失われています。ここで、通常の超新星と同様に、星の中心部が重力崩壊を起こします。ガンマ線バーストにはジェットが必要ですので、おそらくどこかの段階でブラックホールができ、その周りには円盤ができると考えられます。このような状況を作り出すには、星は高速で回転していないといけないでしょう。ここで、円盤のガスがブラックホールに落ち込むことで、相対論的ジェットが放たれると考えられています。さらに、何らかのメカニズムによって星全体も爆発して、超新星爆発として観測されます。

何だか曖昧（あいまい）だなと感じられた方が多いのではないでしょうか。皆さんのその印象は間違いではありません。実際に、どの

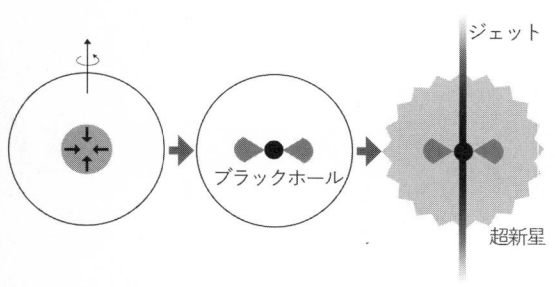

図5-5　ブラックホールからのジェット

ような星がどうやってガンマ線バーストに至るかは完全には理解されていません。また、ブラックホールと円盤から、どうやって相対論的ジェットが放出されるのかも、まだ分かっていません。3章で見た通り、ブラックホールとジェットは、宇宙の様々なところで見られる現象のため、これは宇宙物理学全体の大問題といってもよいでしょう。さらに、ガンマ線バーストの場合は、ジェットとは別に星全体を爆発させるメカニズムが分かっていないのに、その10倍のエネルギーの爆発のメカニズムとなると全然分からない（！）というのが正直なところです。

ではショートガンマ線バーストはどのような現象が引き起こしているのでしょうか？ガンマ線シグナルの継続時間以外は、観測される現象は似ているので、ショートガンマ線バーストでもジェットが発生していると考えられます。おそらくブラックホールも関係しているでしょう。しかし、ショートガンマ線バーストの場所に超新星が現れたことはありません。

現在、ショートガンマ線バーストの起源としてもっとも有力な説が、「中性子星の合体」です。2つの中性子星がお互いの周りを回っていると、その軌道が近づいていき、そのうち2つの星は合体してしまいます。典型的な中性子星の質量は1.5太陽質量程度ですので、2つが合体すると3.0太陽質量です。中性子星としてこのような質量を支えるのは難しいため、中性子星が合体する

と、中心にはブラックホールができると考えられます。もともとはお互いの周りを公転していたため、合体後の天体は高速に回転することが予想されます。つまり、ブラックホールの周りには円盤ができ、そこからジェットが放出されると考えられるのです（図5-6）。

ロングガンマ線バーストと比較すると、ショートガンマ線バーストの起源は状況証拠からの推測によって議論されており、長く決定打にかける状態でした。しかしこの状況は、2010年代の電磁波観測、そしてさらにマルチメッセンジャー観測によって劇的に変わることになります。次章では中性子星合体の詳細をさらに紐解いていきます。

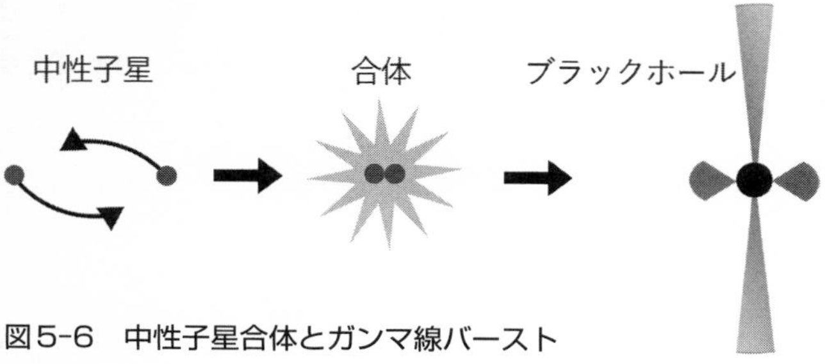

図5-6　中性子星合体とガンマ線バースト

中性子星　　　　　合体　　　　ブラックホール

6章 — 中性子星合体

前章では、中性子星の合体がショートガンマ線バーストの起源の有力な説であることを紹介しました。それだけでなく、中性子星合体は重元素の起源としても注目されています。そして何より、中性子星合体は強い重力波を放つことが知られており、重力波観測の「本命」の天体です。本章では、中性子星がどのようにして合体に至り、合体によって何が起きるのかを紹介していきます。

6-1 連星をなす中性子星

宇宙に存在する多くの星は、2つの星がお互いの周りを回る「連星系」をなしています。だとすると、中性子星の連星もいて良いと思えるかもしれません。しかし、そこに至る道は簡単ではありません。なぜなら、中性子星を作るには超新星爆発を起こさないといけないためです。ペア

になっている相手が急に爆発をすることを想像してみてください。その後に残った小さな中性子星とペアを組み続けるのはなかなか難しそうです。実際に、爆発によって一気に質量が失われるため、連星を保つための重力が減ってしまいます。さらに、爆発の反動によって中性子星は秒速100kmものスピードで動くことも知られています。

それでも2つの中性子星からなる「連星中性子星」ができると思われているのは、実際に連星系をなす中性子星が銀河系にいることが知られているからです。

ここでは、まず天文学で中性子星がどのように観測されるかを紹介していきましょう。

中性子星は、0・001秒から1秒程度の非常に短い周期をもつ、強い電波を放射する「パルサー」として観測されます。

パルサーが初めて発見されたのは1967年のことです。ジョスリン・ベルとアントニー・ヒューイッシュが宇宙からやってくる周期的な電波シグナルを発見しました。そのシグナルは、いつもちょうど1・337秒の周期をもった規則的なものでした。ちなみに、当時この天体にはLGM―1という名前がつけられていました。LGMとは「Little Green Man」の略で、宇宙人のイメージを指して使われる言葉です。パルサーの存在が全く知られていない時代に、宇宙から規則的なシグナルが届いたのですから、そう考えてしまうのも無理はありませんね。

天文学で周期的なシグナルが見られるのは、星の自転や公転など何らかの周期的な運動による

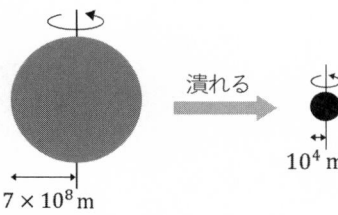

角運動量の大きさ

$= r\,m\,v$

（長さ）×（質量）×（回転速度）

$= r\,m\,(r\,\omega) = m\,r^2\,\omega$

ω：回転振動数

図6-1　角運動量の保存

場合です。1秒の公転軌道はなかなか難しそうなので、まず自転を考えてみます。

ここで、氷上で回るフィギュアスケート選手を想像してみてください（図6−1）。スケート選手がスピンをしている最中に腕を縮めると、回転が速くなるのを見たことがあると思います。

そこで、実際には起きませんが、太陽（半径7×10^8 m）が何らかの理由で、急に中性子星（半径10 km＝10^4 m）の大きさまで潰れると考えてみましょう。太陽は自転しており、その周期は30日程度です。スケート選手が腕を縮めるのと同様にこの回転は速くなるはずです。太陽が潰れると、スケート選手の腕はせいぜい10分の1ぐらいにしか縮められませんが、中性子星の半径は太陽の約10万分の1にもなります。すると、回転の速度は10万倍（10^5倍）速くなります。さらに、一周の長さも短くなるので、回転の振動数は10万倍の2乗（10^{10}）も大きくなります。つまり、回転の周期が10^{10}倍短くなるのです。太陽の回転周期の30日を秒に直すと3×10^6秒程度ですので、収縮によってできる中性子星の回転周期は3×10^{-4}秒（0.3ミリ秒）にもなります。

つまり、中性子星ほどの小さな星であれば、その

ような高速回転を実現できそうなことが分かります。
　１９６８年には、有名な超新星残骸「かに星雲」の中心からも周期が33ミリ秒のパルサーが発見されました（図６-２）。これは、パルサーが超新星爆発の中心に残る天体と関係していることの強い証拠です。これら様々な証拠の積み重ねから、今ではパルサーは中性子星であることが分かっています。

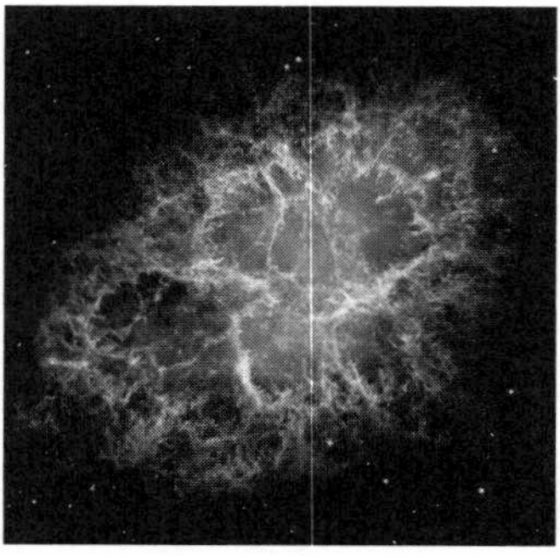
図6-2　かに星雲
(NASA, ESA, J. Hester and A. Loll (Arizona State University))

　図６-３はパルサーの想像図です。中性子星は高速に回転しているだけでなく、強い磁場をもっています。磁場のN極、S極にあたる部分は回転の軸と少しずれていて、中性子星は磁石の極の方向に絞られた放射のビームを発していると考えられています。すると、この放射のビームが地球の方向を向くときだけ強い放射が観測されるので、周期的なパルサーとして観測されることが分かります。宇宙に浮かぶ灯台のようですね。
　さて、中性子星がパルサーとして観測できることが分かったところで、連星中性子星に話を戻しましょう。
　１９７４年にラッセル・ハルスとジョゼフ・テイラーによって特殊なパルサーが発見されました。このパルサーは59ミリ秒の周期をもっているのですが、その到達時間が７・７５時間の周期

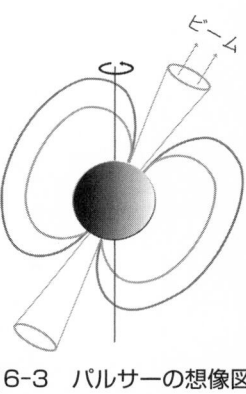

図6-3　パルサーの想像図

で早くなったり遅くなったりしていました。このことは、パルサーがもう一つの星の周りを回っていると自然に説明できます。パルサーは時間を刻む時計の役割をしますので、到達時間の変化の様子から、どのような星が、どのような軌道を回っているのかを正確に決めることができます。その結果、もう一つの星も中性子星であることが分かりました。つまり、連星中性子星が発見されたのです。

しかし、連星が存在しているというだけでは、その2つの星が合体するとは限りません。実際に、地球は太陽の周りを回っていますが、いつも同じ軌道を回り続けており、地球は太陽と合体したりはしません。

ところが、この連星中性子星の場合は事情が大きく異なりました。ラッセル・ハルスとジョゼフ・テイラーはこの連星中性子星の観測を続け、その公転周期が少しずつ短くなっていることを発見したのです（図6–4）。公転の周期は2つの天体の距離が近いほど短くなるので、これは2つの中性子星が少しずつ近づいていることを意味しています。

では、なぜ中性子星は少しずつ近づいていくのでしょうか？　この答えが「重力波」なので

す。　詳細は8章でもう一度紹介します
が、相対性理論によると、重力の強い天
体が激しく運動すると重力波が放出され
ることが予想されています。

中性子星は、太陽程度の質量が10km程
度に詰まった密度の高い天体でもあります。
非常に重力の強い天体でもあります。地
球の重力を1とすると、月の重力は6分
の1という話を聞いたことがあるかと思
います。　同じ計算を中性子星に対して行
うと、2000億（！）にもなります
（図6-5）。このような強重力天体が軌道運動をしているため、少しずつ重力波が放出され、連
星からエネルギーが失われていきます。　その結果、連星のお互いの距離は近くなっていき、公転
の周期が短くなっていくのです。

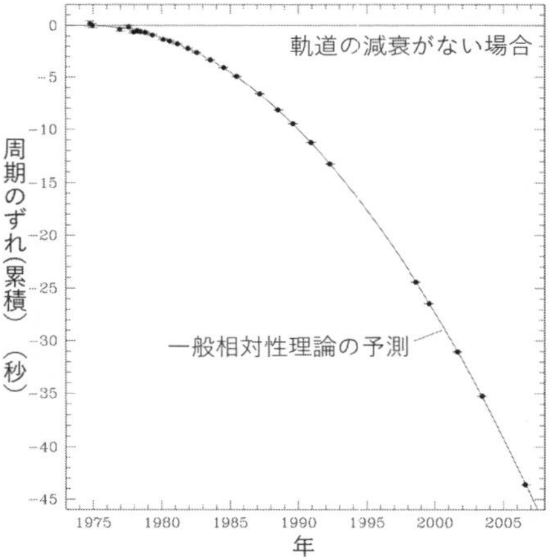

ラッセル・ハルスとジョゼフ・テイラーが発見した公転周期の変化の様子は、相対性理論から
予想される変化とぴったりと一致していました。　つまりこの発見は、重力波の存在を間接的に証

図6-4　連星中性子星の周期変化
(Weisberg, J. M. , Nice, D. J., Taylor, J. H.
2010, The Astrophysical Journal, 722,
1030)

明したものなのです。この発見により、両氏は1993年にノーベル物理学賞を受賞しました。

連星中性子星は、重力波を放出することで徐々に近づいていきます。合体に近づくにつれて軌道運動の速度が速くなり、重力波はどんどん強くなっていき、最終的には合体してしまうことが予想されます。そして、合体の瞬間に、もっとも強い重力波を放つのです。中性子星合体が重力波観測の「本命」である理由が分かっていただけたかと思います。

ちなみに、先ほどパルサーの周期的なシグナルを説明するときに、自転と公転があり得るのに、自転だけを考えました。これはなぜでしょうか？　もしパルサーの周期を公転で説明しようとすると、その2つの星は非常に近くを回っている必要があります。しかし、そのように非常に近づいた連星は重力波を放ってすぐに合体してしまうので、パルサーのように定常的にシグナルを放ち続けることができません。このことからパルサーは公転運動に起因する

月　　　　　　地球

中性子星

	月	地球	中性子星
半径	1700 km	6000 km	10 km
質量	7×10^{22} kg (3.5×10^{-8} 太陽質量)	6×10^{24} kg (3×10^{-6} 太陽質量)	3×10^{30} kg (1.5 太陽質量)
重力	$\dfrac{1}{6}$	1	2000億

＊地球の重力を1とする

図6-5　中性子星の重力

ものではないことが分かっています。

中性子星合体の重力波観測、そしてマルチメッセンジャー観測については、10章で詳しく説明します。本章の後半ではその準備として、中性子星が合体すると一体何が起きるのかを見ていきます。

6-2 中性子星合体と元素の起源

重力波を放出しながら、2つの中性子星の距離はだんだん縮まっていき、最後には合体を起こします。合体の直前には、中性子星の形は大きく歪むことが予想されます。これは「潮汐力」によるものです（図6-6）。重力は、重力源までの距離が近くなるほど強くなります。そのため、相手の中性子星に近い側と遠い側で重力の大きさは異なります。

皆さんの右側に重力源があるとすると、右手は右側に強く引かれますが、左手はそれよりも弱く右側に引かれます。その結果、皆さんは体を左右に引っ張られるような力を感じるはずです。これが潮汐力です。地球と月にも潮

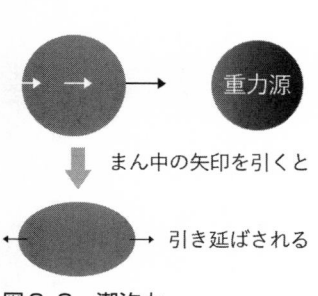

重力源

まん中の矢印を引くと

引き延ばされる

図6-6　潮汐力

中性子星　潮汐力・合体による放出　　　円盤からの放出

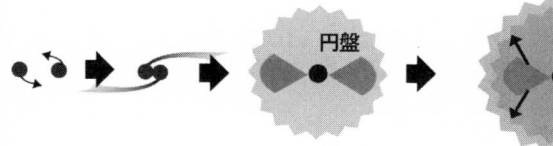
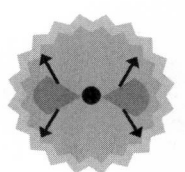

円盤

図6-7　中性子星合体からの質量放出

汐力が働いており、この力により地球は少し歪んでいます。潮の満ち引きはこのために起きており、これが「潮汐力」という名前の由来です。

中性子星は地球の2000億倍も重力が強い、ぎっしり詰まった天体でした。それでも、もう一つの中性子星が近づくと潮汐力によって歪んでしまい、激しく合体すると星の一部が引きちぎられるようにして、宇宙空間に飛んでいってしまいます（図6-7）。つまり、中性子星が合体すると、物質が飛び出していくのです。コンピュータシミュレーションによると、中性子星の質量が太陽の1.5倍程度なのに対して、宇宙空間に飛んでいく物質の質量は太陽の1％程度です。飛んでいく物質は中性子星の重力を振り切らないといけないので、その速度は光の速度の10％程度（秒速30000km）にもなります。

合体後もほとんどの物質は中心に残り、中心にできた天体の周りには円盤が作られます。もともと公転運動していた2つの天体が近づいていって合体するので、中心天体も円盤も高速に回転している

111

はずです。そして、円盤は回転運動で摩擦されるように温められ、その一部が宇宙空間に飛び出していくと考えられています。コンピュータシミュレーションによると、このとき飛び出していく質量も太陽の1〜5%程度であると見積もられています。

では中心に残った天体はどうなるのでしょうか？

太陽の1.5倍程度の質量の中性子星が2つ合体するとき、外側に飛び出していく質量は、太陽質量の5%程度ですので、ほとんどの質量は中心に残ります。太陽の3倍の質量は中性子星としては支えられないため、この場合、最終的にはブラックホールになるでしょう。

しかし、合体した直後は天体は高速回転しているため、遠心力に助けられて一定時間は大質量の中性子星が残ると考えられています。おそらくこれが一般的な様子だと思われていますが、合体する中性子星の質量が軽いと、最後まで中性子星が残るかもしれませんし、逆に質量が重いと、あっという間にブラックホールに潰れるかもしれません。いずれにしろ、中性子星の合体はこのような極限天体が作られる瞬間で、私たちはその瞬間を重力波の観測によって目撃することができるのです。

次に、飛んでいった物質の中で何が起きるかに着目しましょう。

中性子星は文字通り中性子でできた星ですので、飛んでいった物質には、大量の中性子が含まれているはずです。実際に、潮汐力で飛び出す物質の中では、陽子の10倍程度の中性子がいると

112

考えられています。陽子と中性子がくっついて安定な鉄を作ったとしても、まだ中性子がたくさん余っています。これは4章で紹介したrプロセス（速い中性子捕獲反応）にとって最適な環境です。つまり、中性子星合体によって宇宙空間に飛び出した物質ではrプロセスが起き、金やプラチナなどの元素が合成されるのです。

4章では、超新星爆発でrプロセスが起きる可能性を紹介しました。重力崩壊型超新星も中性子星合体も、どちらも中性子星（の周り）から物質が飛び出すという点では似ています。しかし、両者には大きく異なる点があります。

超新星爆発の場合は、爆発を起こすためにニュートリノに助けてもらわないといけないでした。ここで「助ける」というのは、物質がニュートリノを吸収してエネルギーをもらうということです。もともと中性子星の周りにある中性子は、ニュートリノを吸収すると陽子に変わってしまいます。つまり、超新星爆発を起こそうとすればするほど、中性子の数が減ってしまい、rプロセスに不利な状況になってしまいます。これが超新星爆発でrプロセスを起こすのが難しいのではと考えられている理由です。

一方で、中性子星合体の場合は、ニュートリノの助けを借りず、潮汐力や円盤の加熱でとにかく物質は飛んでいきます。中心に残る中性子星は超新星爆発のときと同様にニュートリノを放射しますが、それがないと爆発できないわけではありません。このため、中性子星合体では中性子

が過剰な物質を放出するのが比較的簡単で、rプロセスには有利といえます。

このようなことは、2000年以降に超新星爆発や中性子星合体の現実的なコンピュータシミュレーションが可能になったことで初めて分かったことです。実際に、それ以前に書かれた天文学・宇宙物理学の多くの教科書では、rプロセスが超新星爆発で起きると書いてあります。私もそう習った一人です。

では、すぐ教科書を書き換えて良いかというと、そうはいきません。中性子星合体で本当にこのようなことが起きているかの検証が必要なのです。次節では、中性子星合体での元素合成を天文観測によって検証する方法を紹介します。

6-3 キロノバ

中性子星合体で飛び出した物質の中ではrプロセスが起き、鉄よりも重い元素だけで構成されたガスが宇宙空間に広がっていくと考えられます。では、実際にこのようなことが起きていることを天文観測で検証することができるでしょうか？ その答えは「イエス」です。

4章で見た通り、rプロセスでは中性子が多い原子核がたくさん作られたあと、それらの原子核が「ベータ崩壊」を起こすことで、安定な原子核へと変化します。そして、原子核が崩壊する

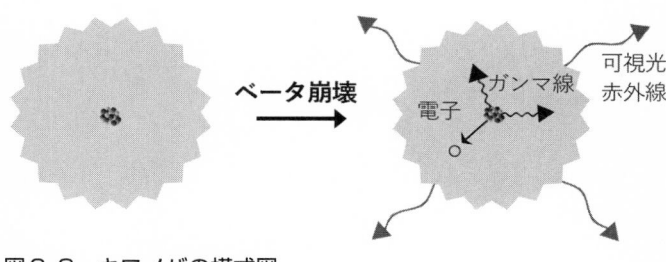

ベータ崩壊

電子

ガンマ線

可視光
赤外線

図6-8　キロノバの模式図

ときに放出されるエネルギーで、中性子星合体は輝く、つまり電磁波を放つことが予想されているのです。この電磁波を天文観測で捉えることができれば、中性子星合体が実際に元素を作ったことが検証できるでしょう。

放射性崩壊で天体が輝くというのはピンとこないと思いますので、もう少し詳しく説明します。

原子核がベータ崩壊を起こすと、電子やガンマ線が飛び出します（図6−8）。電子やガンマ線は、4章で登場した $E=mc^2$ にしたがって、崩壊前と崩壊後の原子核の質量の差に対応するエネルギーをもっています。しかし、電子やガンマ線は自由に宇宙空間には飛び出してはいきません。電子は周りの原子や電子とぶつかって速度を落としますし、ガンマ線も電子と当たったり、原子に吸収されたりします。中性子星合体の放出物質がシールドの役割を果たしており、電子もガンマ線も外に逃げ出せないのです。シールドの役割を果たした物質は、電子とガンマ線からエネルギーを受け取ることで熱くなります。この熱くなった物質が電磁波を放つのです。

実は、このような状況は太陽や超新星爆発の場合も同じです。太陽の場合は、水素がヘリウムに変わるときにエネルギーが発生すると説明しました。しかし、実際に放出されているのはガンマ線で、ガンマ線が星を構成する物質に吸収されることで、物質は熱くなります。超新星の場合も、ニッケル56が放射性崩壊を起こすことに吸収され、そのガンマ線が超新星の放出物質に吸収されることで輝いています。

そう考えると、同じように中性子星合体も輝く気がしてきたのではないでしょうか。中性子星合体で放出された物質は、太陽や超新星と同様に数千度になりますので、主に可視光や赤外線の電磁波が放射されると期待されます。

中性子星合体で起きるこのような電磁波の放射は「キロノバ」と呼ばれています。ノバ（nova）は新星という意味で、天文学では、白色矮星の表面で核融合が起きて急に明るくなる天体のことを指します。突如すごいスポーツ選手やアイドルが登場すると「新星」といわれたりしますよね。星の爆発である「超新星」は、新星よりも非常に明るくなることからその名前がつけられており、英語ではスーパーノバ（supernova）といいます。中性子星合体からの光は、超新星ほどは明るくないですが、ノバよりは1000倍程度明るいため、キロノバと呼ばれることになりました。ただし、まだ最近使われ始めた名前で、天文学者の中でも呼び名が統一されていません。

明るさ

超新星

キロノバ
超新星よりも暗く
速く進化する

時間

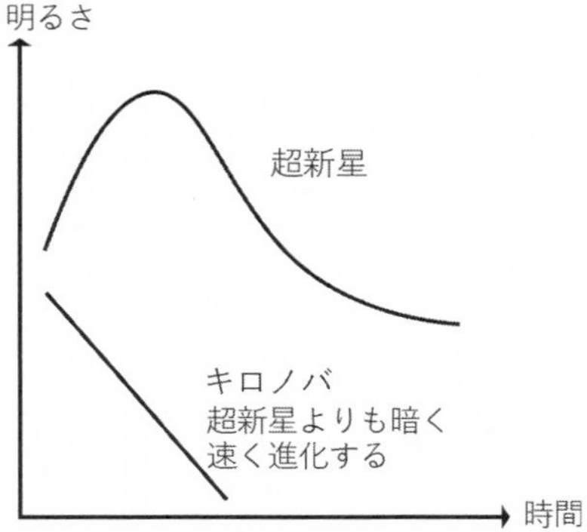

図6-9　キロノバと超新星

キロノバは超新星爆発と比べて大きく3つの点が異なります（図6-9）。

まずは、名前の由来にもなった通り、超新星よりも暗いことです。超新星爆発では質量のニッケル56が合成されて輝くのに対して、キロノバは飛んでいる物質の総量が0・01太陽質量程度しかありません。ですので、エネルギー源が少なく暗いのです。

二つ目は、早く暗くなることです。超新星爆発の場合は1〜10太陽質量程度の物質が飛び出すため、その中で光を「ためて」おくことができます。一方の中性子星合体から放出された物質は、質量も少なく、かつ超高速で膨張しているため、光を長時間「ためる」ことができず、すぐに暗くなってしまうことが予想されます。

そして三つ目の違いは、その「色」です。超新星爆発が鉄よりも軽い元素を放出するのに対して、中性子星合体は鉄よりも重い元素ばかりを放出します。鉄よりも重い元素の中で、特にランタノイド元素と呼ばれる原子番号57〜71の元素は赤外線を効率よく吸収して放出するため、中性子星合体は可視光よりも赤外線で強く輝くことが予想されます。

117

では、キロノバの放射が実際に起きていることをどのように確認すれば良いでしょうか？ その答えは簡単です。もし、ショートガンマ線バーストに引き続いてキロノバが中性子星合体によって引き起こされるとすると、ショートガンマ線バーストに引き続いてキロノバが見えるはずです。これはロングガンマ線バーストに付随して超新星が発見されたのと全く同じ原理ですね。

この予想に基づいて、2013年に発見されたショートガンマ線バースト（GRB 130603B）の詳細な観測が行われた結果、超新星より暗い赤外線の放射が発見されました（図6-10）。この天体の特徴がキロノバで予想される明るさ・色と一致していたため、キロノバの放射が実際に起きているだろうと考えられるようになりました。

しかし、これはまだ強い証拠とはいえません。何より、ショートガンマ線バーストが中性子星合体によって引き起こされている確固たる証拠がありません。ですので、これだけでは「中性子星合

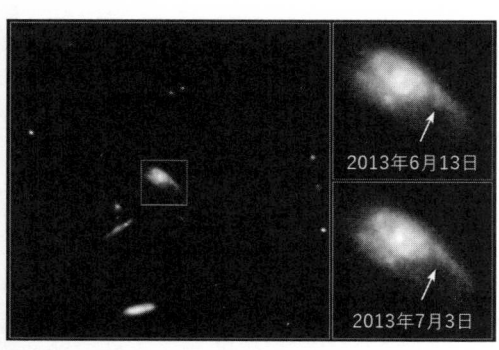

図6-10　GRB 130603Bに付随して発見されたキロノバ

2013年6月13日

2013年7月3日

(NASA, ESA, N. Tanvir (University of Leicester), A. Fruchter (STScI), and A. Levan (University of Warwick))

体がショートガンマ線バーストを引き起こしているとすると、そこではキロノバのような放射が起きており、重元素が合成されているとみられる」というのが正しい表現です。

とはいえ、中性子星合体で何が起きるかを様々な物理学を駆使して予想した結果が、実際に天文観測によって検証されたのは素晴らしいことです。中性子星合体による重元素合成に関する理解は重力波観測によって大きく進みましたので、それに関しては10章で詳しく紹介します。

3部 宇宙を探る新しい手段

7章 ── ニュートリノ天文学

ここまでは、主に電磁波を使って見えてきた宇宙の姿と、様々な宇宙の爆発現象を紹介してきました。歴史の長い電磁波による天文学に加えて、現在私たちは宇宙を探る新しい手段を手にしています。それが「ニュートリノ」と「重力波」です。

このニュートリノと重力波を観測に用いることができるようになったことが、マルチメッセンジャー天文学という新しい領域を切り拓いたといえるでしょう。

本章ではニュートリノの観測によってどのような宇宙の姿が見えてくるのかを紹介します。

7・1 身の回りのニュートリノ

今、私たちは無意識に呼吸をしていて、空気中の酸素分子を体内に取り入れています。酸素分子は、2つの酸素原子からなる分子です。酸素原子は陽子と中性子からなる原子核と、その周り

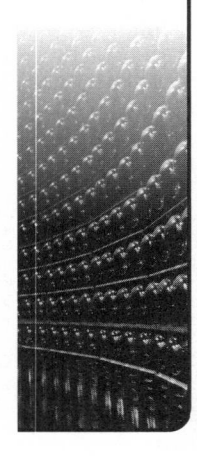

第一世代	第二世代	第三世代
u アップ	*c* チャーム	*t* トップ
d ダウン	*s* ストレンジ	*b* ボトム
e 電子	*μ* ミュー粒子	*τ* タウ粒子
Ve 電子ニュートリノ	*Vμ* ミューニュートリノ	*Vτ* タウニュートリノ

クオーク／レプトン

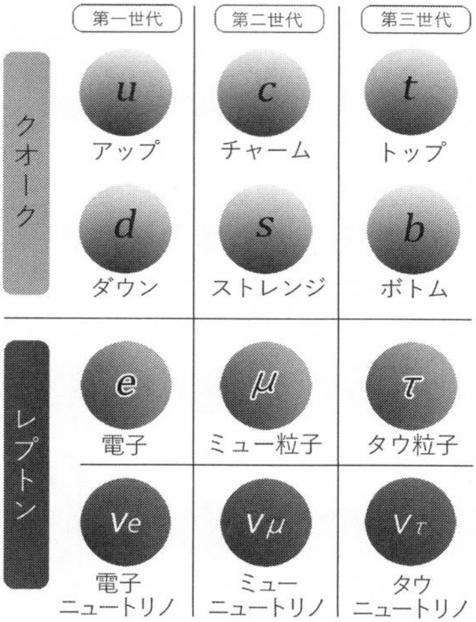

図7-1　物質を構成する素粒子

に存在する電子から構成されています。さらに、陽子を分解すると、3つのクオーク（2つのuクオークと1つのdクオーク）から成り立っていることが知られています。

このように、物質を細かく分解していったときに現れる最小構成単位は「素粒子」と呼ばれています（図7-1）。

ニュートリノもそのような素粒子の一つです。ニュートリノは電荷を持たない中性の素粒子で、ギリシャ文字のニュー（ν）で表されます。

ニュートリノといわれてもピンとこない方が多いと思いますので、まずは身近な例から説明を始めたいと思います。実は、私たちの身の回りにはニュートリノがビュンビュン飛び交っているのです。

まずは太陽を考えてみましょう。太陽はその表面から光を放っていて、私たちはその恩恵を受けて暮らしています。4章で見た通り、太陽の中心では水素をヘリウムに変換する核融合反応が起きています。この反応ではニュートリノも作られていて、そのニュート

リノは地球にも飛んできています。太陽から飛んできているニュートリノの個数は、地球表面での1cm²あたり、1秒間になんと約600億個（6×10¹⁰個）にもなります。ぜひご自身の手を開いて指先を見つめてみてください。そこには毎秒600億ものニュートリノが飛んできているのです。

さらに、地球の大気でもニュートリノが作られていることが知られています。宇宙空間には「宇宙線」と呼ばれる非常に高いエネルギーをもった粒子（主に陽子）が飛び交っており、その宇宙線が地球に突入すると、大気中の原子核と衝突してニュートリノを作り出すのです。詳細は後述しますが、このニュートリノの量は、1cm²あたり1秒間に1個程度です。

これだけではありません。私たちは、自分の体の中からもニュートリノを放出しています。私たちの体の中には、質量で0・2%程度のカリウムが含まれていて、その中の0・01%程度はカリウム40という放射性元素です。人間の体重を50kgとすると、含まれるカリウム40は（50×0.002×0.0001＝0.000001kg）＝0・01gぐらいです。放射性元素とは、放射性崩壊によって異なる元素に変化する元素で、カリウム40の場合

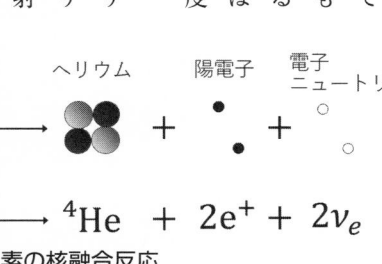

水素　　　　　ヘリウム　　　　陽電子　　　電子
　　　　　　　　　　　　　　　　　　　　ニュートリノ

$$4\ ^1H \longrightarrow\ ^4He\ +\ 2e^+\ +\ 2\nu_e$$

図7-2　水素の核融合反応

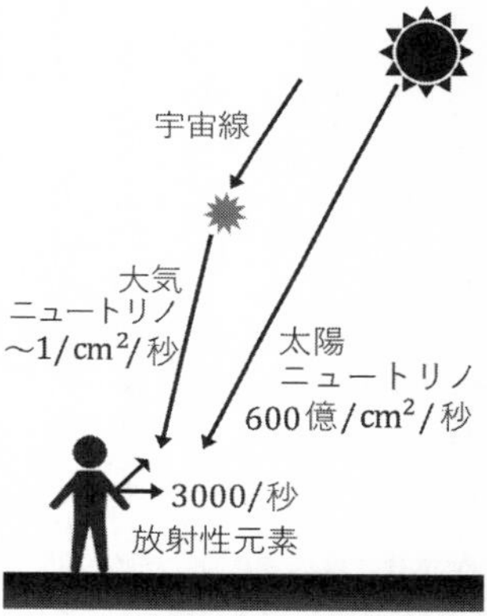

図7-3　身の回りの
ニュートリノ

壊すると、全体では毎秒3000回ぐらい放射性崩壊が起きていることになります。それぞれが10億年に1回ぐらいのペースで崩壊して当然の疑問が浮かぶでしょう。そんなに大量にニュートリノが飛び交っているのに、私たちはそれを「見た」ことがない、ということです。

ここで、もう一度「見る」ということがどういうことかに立ち戻ってみたいと思います。1章で紹介した通り、私たちの目は電磁波のうち400〜800 nmの波長の光（可視光）を捉えることができます。これは可視光の電磁波が目の網膜に入ってくることで電気信号に変換され、その

は、図7-4のようにカルシウムやアルゴンに変化し、このときニュートリノが放出されます。カリウム40の半減期（半分に減るまでの時間）は10億年程度と長く、1つの原子核が崩壊するまでには平均的には10億年ぐらいかかります。体内のカリウム40の量はたったの0・01gですが、原子核の数に直すと 10^{20} 個程度と膨大な数になります。それぞれが10億年に1回ぐらいのペースで崩壊すると、全体では毎秒3000回ぐらい放射性崩壊が起きていることになります。つまり、私たちの体は1秒間に3000個ものニュートリノを放出しているのです。

身の回りにニュートリノがあふれていることが分かっていただけたでしょうか。しかし、ここで当然の疑問が浮かぶでしょう。そんなに大量にニュートリノが飛び交っているのに、私たちはそれを「見た」ことがない、ということです。

信号が視神経を通して脳に伝わるためです。また、デジタルカメラで写真が撮れる理由は、光がやってくるとカメラのセンサーの素子で電気信号に変換されるからです。同様に、宇宙の電波写真が撮れる理由は、やってきた電磁波（電波）をアンテナで集めて電気信号に変換しているからです。このように、電磁波でものを「見る」、つまり電磁波を検知するためには、電磁波がなんらかの方法で物質と反応する必要があります。もう少し正確な言葉を使うと「電磁波が物質と相互作用する」必要があるのです。

このことが、私たちがニュートリノに気づくことができない理由と大きく関係しています。ニュートリノは極端に「物質と相互作用しにくい」素粒子のため、そこにあっても簡単には気づく

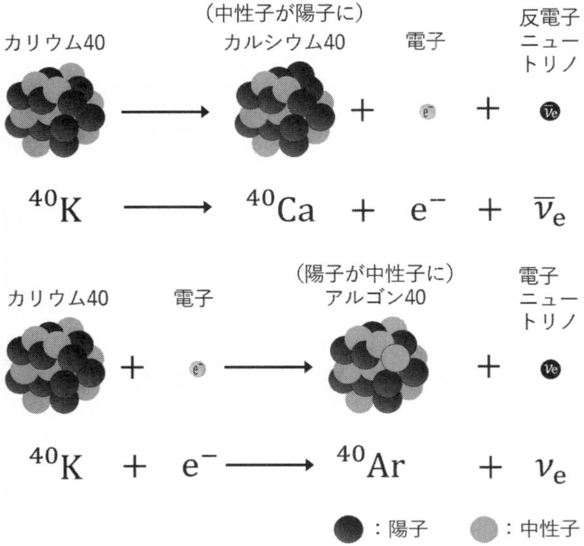

| カリウム40 | （中性子が陽子に）カルシウム40 | 電子 | 反電子ニュートリノ |

$$^{40}K \longrightarrow {}^{40}Ca + e^- + \overline{\nu}_e$$

| カリウム40 | 電子 | （陽子が中性子に）アルゴン40 | 電子ニュートリノ |

$$^{40}K + e^- \longrightarrow {}^{40}Ar + \nu_e$$

●：陽子　●：中性子

図7-4　カリウムの放射性崩壊

ことができないのです。どれぐらい相互作用しにくいかというと、水に1つのニュートリノが入射したとすると、水中を1000光年（約 10^{19} m）進んでやっと1回反応が起きる程度です（もちろん水を1000光年にわたって用意することはできません！）。ニュートリノを捉えるのは非常に大変なのです。実際に、ニュートリノという粒子があるに違いないと理論的に予想されたのは1930年でしたが、初めてニュートリノの存在が実験で確認されたのは1956年、つまり26年後のことでした。

では、どうすればニュートリノを「見る」ことができるのでしょうか？　それには大量の物質を用意するしかありません。一つ一つのニュートリノはなかなか物質に当たらないのですが、大量の物質を用意しておいて、たくさんのニュートリノがそこを通過すれば、ごく稀に当たるかもしれません。

実際、初めてニュートリノが検出されたのは以下のような実験でした（図7-5）。ニュートリノがたくさんやってくる原子炉の近くに200リットルの水を用意し、そこに40kgのカドミウムを溶かしておきます。ニュートリノが水の中の陽子と反応すると、中性子とともに陽電子という粒子が発生します。中性子は水に溶かしておいたカドミウムに吸収され、ガンマ線を出します。また、陽電子も周りの電子と反応することでガンマ線を出します。このガンマ線を水の周りに設置した装置で観測することで、ニュートリノが来たことを確認したのです。

難しくなってしまいましたが、要するに、ニュートリノが物質と相互作用した結果生じるガンマ線を観測して、ニュートリノを検知したのです。ニュートリノを検出したいのに、最後は電磁波の観測になっていることは面白い点です。

可視光の電磁波はたった1cm程度の私たちの目で簡単に捉えることができるのと比較すると、いかにニュートリノを捕まえることが大変かが分かっていただけると思います。前述のニュートリノの検出装置は、ニュートリノが大量に発生する原子炉の近くに置かれていました。これは電磁波でたとえると、ものすごく明るい投光器の直近に超高感度カメラを設置しているような状況です。ニュートリノはそれでやっと少しだけ捕まえられるぐらい、検出するのが難しいのです。

現在では、より大掛かりなニュートリノ検出装置が世界中で稼働しています。その中でも特に有名なのが日本のスーパーカミオカンデです。スーパーカミオカンデは、5万トン（5000万kg）の超純水で日本のニュートリノを待ち受けており、この量の水をためておくためのタンクは差し渡し40mにもなる超巨大な装置です（図7−6）。

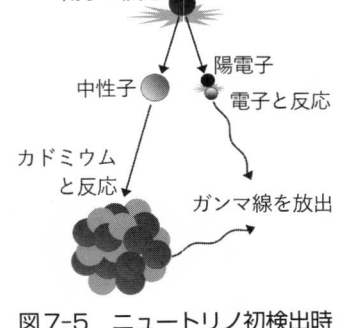

ニュートリノが
水の中の
陽子と反応

中性子

陽電子
電子と反応

カドミウム
と反応

ガンマ線を放出

図7-5 ニュートリノ初検出時の検出方法

ここにニュートリノがやってくると、一部のニュートリノは水中の陽子や電子と反応し、反応によって叩き出された粒子が水中を走ることで波長が400nm程度の光を発します。この光を壁面の検出器で検出することでニュートリノが来たことを判定しています。ここでも最後は電磁波を観測することでニュートリノを検知しているのです。

このようにニュートリノの観測には、膨大な量の物質が必要になります。そこで、南極の氷を使った実験も現在進行しています。南極にある「IceCube」ニュートリノ観測所は、ニュートリノを捕まえるために1km³分の南極の氷を「検出器」として用いる壮大な実験施設です。その体積はスーパーカミオカンデの約2万倍（！）にもなります。

図7-6　スーパーカミオカンデ
（東京大学宇宙線研究所 神岡宇宙素粒子研究施設）

ニュートリノは氷の中の原子核と反応して、高速の粒子を生み出します。IceCubeでは、この粒子による発光現象を氷の中に埋め込んだ大量の光検出器で観測することで、ニュートリノがやってきたことを検知しています（詳細は11章で紹介します）。

このような多大な努力によって、人類

はニュートリノの観測を可能にし、ニュートリノを使って宇宙を探る手段を手に入れたのです。

次節からは、宇宙からやってくる様々なニュートリノについて紹介します。

7-2 太陽ニュートリノ

宇宙からやってくるニュートリノでもっとも身近な例は太陽からのものです。

図7-2にある通り、太陽では中心で起きている水素の核融合反応によってニュートリノが発生しています。このニュートリノは、1970年代から観測されていました。スーパーカミオカンデでも太陽からのニュートリノは継続的に観測されています。スーパーカミオカンデはニュートリノがどこから入射してきたかも推定することができるので、ニュートリノの到来方向を正確に決めるのは難しいため、実際の太陽よりも拡がって「見えて」います（ニュートリノの到来方向を正確に決めるのは難しいため、実際の太陽よりも拡がって「見えて」います）。図7-7は実際にスーパーカミオカンデで見た太陽の姿です（ニュートリノで「写真」を撮ることもできます。図7-7は実際にスーパーカミオカンデで見た太陽の姿です（ニュートリノで「写真」を撮る

ニュートリノは物質と相互作用しづらいため、検出が大変なのは前述した通りです。しかし、この特徴が、実は宇宙を調べるのに重要な役割を果たしています。

太陽の中心では核融合が起きてエネルギーが発生し、太陽をなすガスを温めることで光（電磁波）が発生しています。しかし、光は太陽を構成する物質と相互作用するため、太陽の中心で生

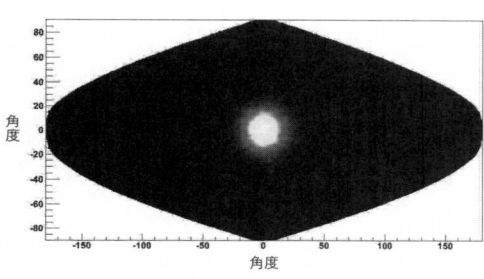

図7-7　ニュートリノで見た太陽
（東京大学宇宙線研究所 神岡宇宙素粒子研究施設）

まれた光は星の表面に出てくるまでに10万年以上もかかります。つまり、今、私たちが見ている太陽の表面は、10万年以上も前に起きた核融合の結果であるといえます。

一方、ニュートリノは太陽の中でほとんど物質と反応しないため、図7-7のニュートリノで見た太陽の姿は、まさに「今」の姿なのです。このように、ニュートリノが物質と相互作用しづらいおかげで、電磁波では見ることができない星の中心部の情報を直接引き出すことができるのです。

ちなみに、太陽が放出しているニュートリノは1つあたり10万〜1000万電子ボルト（0.1〜10メガ電子ボルト）程度のエネルギーをもっています。電子ボルトは1章で登場したエネルギーの単位で、1電子ボルトは約 10^{-19} ジュールでした。10万〜1000万電子ボルトというと、電磁波ではガンマ線のエネルギーに対応しており、太陽から放出されるニュートリノが高いエネルギーをもっていることが分かります。

ここで少しニュートリノの種類について紹介しましょう（図7-1）。新しい言葉がたくさん出てくるので少し大変ですが、これを知っておくと後で納得してもらえるので、この2段落だ

け頑張ってください。とはいえ、忘れてしまった場合は図7−1に戻ってもらえれば大丈夫です。

まず、素粒子は大きくクォークとレプトンに分けられます。さらにレプトンは荷電レプトンとニュートリノに分けられます。荷電レプトンには電子、ミュー粒子、タウ粒子の3種類があるこ とが知られています。それに対応するように、ニュートリノにも3つの種類があり、それぞれ電子ニュートリノ、ミューニュートリノ、タウニュートリノと呼ばれています。

また、素粒子には、それぞれ反粒子と呼ばれるペアの粒子が存在していることが知られていま す。例えば、電子（電荷はマイナス）の反粒子は陽電子と呼ばれており、陽電子は電子と同じ質 量でプラスの電荷をもっています。同様にニュートリノにもそれぞれ反粒子が存在しており、反 電子ニュートリノ、反ミューニュートリノ、反タウニュートリノと呼ばれています。反物質は粒 子を表す記号の上に横線（バー）をつけることで表します（ただし、通常、陽電子は e$^+$ と、反ミ ュー粒子は μ$^+$ と書かれます）。先述した初めて検出された原子炉ニュートリノは、正確には反電 子ニュートリノでした。

さて、太陽が放出しているのは電子ニュートリノであることが知られています。太陽がどれぐ らいのエネルギーを放出しているかは電磁波の観測から分かっているため、太陽の中心で図7− 2の反応がどのようなペースで起きているかも理論的には理解されています。しかし、太陽を外 側から見ていても、実際にどのペースで反応が起きているかを知る直接の手段はありません。そ

132

こでニュートリノの出番です。太陽からやってくるニュートリノは星の中心の情報をそのまま伝えてくれるので、ニュートリノの数を数えれば太陽の中心で何が起きているかを直接調べることができるのです。

1970年代になって、アメリカのレイモンド・デイビスによって太陽からの電子ニュートリノの量が計測されました。すると、驚くべきことに太陽からの電子ニュートリノの量が理論的な予想の3分の1程度しかなかったのです。数が合わないのです。

太陽では予想よりも核融合のペースが遅いのでしょうか？　これは何を意味しているのでしょうか？　私たちが電磁波で見ている太陽の明るさが説明できません。何かがおかしいのです。この問題は「太陽ニュートリノ問題」と呼ばれ、長年の問題となりました。

1987年には、カミオカンデでも太陽ニュートリノの精密な観測が行われました。この観測でも、太陽からのニュートリノの量が予想よりも少ないことが確認されました（このときは予想の半分程度でした）。図7-7のように、カミオカンデではニュートリノがどちらから到来したかも推定することができますので、確かに太陽の方向からニュートリノを観測していることを確認しています。やはり本当に太陽からのニュートリノが足りないようなのです。

この問題を解決したのが「ニュートリノ振動」という現象です。科学好きの方は聞いたことがあるかと思います。

ニュートリノ振動とは、3つの種類のニュートリノが互いに入れ替わるという一見不思議な現象です。そんなことが起こるのか? と疑問に思われるのが普通だと思いますが、実際に起きていることが確認されているのです。

ニュートリノ振動が起きている確たる証拠をもたらしたのは日本のスーパーカミオカンデによる観測でした。ここでは宇宙からやってくるニュートリノではなく、地球の大気で作られるニュートリノに注目します。

前述の通り、宇宙空間を漂う宇宙線が地球の大気に突入するとニュートリノが生まれます。このときの様子を詳しく見てみましょう (図7-8)。

陽子が大気の物質とぶつかることで、パイ+粒子 (π^+) やパイー粒子 (π^-) という粒子が生まれます。パイ+粒子はミューニュートリノ (ν_μ) と反ミュー粒子 (μ^+) に崩壊します。さらに、反ミュー粒子 (μ^+) は陽電子 (e^+) と電子ニュートリノ (ν_e)、反ミューニュートリノ ($\bar{\nu}_\mu$) に崩壊します。パイー粒子の崩壊も、粒子・反粒子の関係をひっくり返せば同じです (図7-8の括弧内)。つまり、この一連の反応によって、電子ニュートリノ+反電子ニュートリノの2倍の数だけミューニュートリノ+反ミューニュートリノが作られます。大気からやってくるニュートリノの割合はおよそこの比をもつことが期待されます。

ところで、大気ニュートリノは様々な方向から飛んできています。もちろん大気は上にありま

134

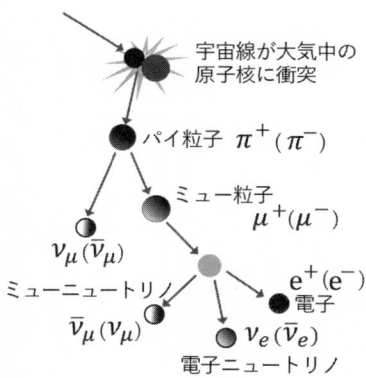

宇宙線が大気中の
原子核に衝突

パイ粒子 π^+ (π^-)

ミュー粒子
μ^+ (μ^-)

ν_μ $(\bar{\nu}_\mu)$

ミューニュートリノ

$\bar{\nu}_\mu$ (ν_μ)

e^+ (e^-)
電子

ν_e $(\bar{\nu}_e)$

電子ニュートリノ

ミューニュートリノ：電子ニュートリノ
＝　　　2　　：　　1

図7-8　大気ニュートリノの反応

すので、上からもやってきますし、横からも下からもニュートリノはやってきます。下からもニュートリノが来るの？　と思われるかもしれませんが、ニュートリノは極端に物質と反応しないため、楽々と地球をすり抜けることができます。そして、スーパーカミオカンデでこれら様々な方向からやってくる大気ニュートリノを観測したところ、驚くべきことが分かりました。上からやってくるニュートリノでは、確かにミュー：電子＝2：1程度だったのに対し、地球を突き抜けて下からやってくるニュートリノでは、それよりもミューニュートリノが少なかったのです。

このことが、ニュートリノが種類を変えているという確たる証拠となりました。つまり、下からやってくるミューニュートリノは、ミューニュートリノではなく、かつ電子ニュートリノでもない、つまりタウニュートリノに変わってしまったと考えられるのです。

現在では、加速器で人工的に作ったニュートリノの観測なども含めてこのようなニュートリノ振動が確認されています。

ニュートリノ振動を考えると太陽ニュート

リノ問題もすっきり解決できます。

電子ニュートリノとして太陽の中心で放出されたニュートリノは、太陽の中でミューニュートリノとタウニュートリノに姿を変えます。そのため、電子ニュートリノを検出していたデイビスの実験では、予想の3分の1しかニュートリノが観測されなかったのです。カミオカンデではそれより少し多かったのですが、それは一部のミューニュートリノとタウニュートリノを一緒に検出していたためです。

2002年にはカナダのSNO実験が、全種類のニュートリノを検出できる方法で観測を行い、全部のニュートリノを捕まえれば、ニュートリノの量は理論的な予想と一致することを確認しました。太陽ニュートリノ問題はニュートリノ振動で全面的に解決されたのです。

これら太陽ニュートリノとその後のニュートリノ振動にまつわる研究は、広い意味では「マルチメッセンジャー天文学」ということができるでしょう。電磁波観測で得られていた太陽への理解と、ニュートリノ観測で得られた情報の両方を駆使することで、太陽だけでなく、ニ

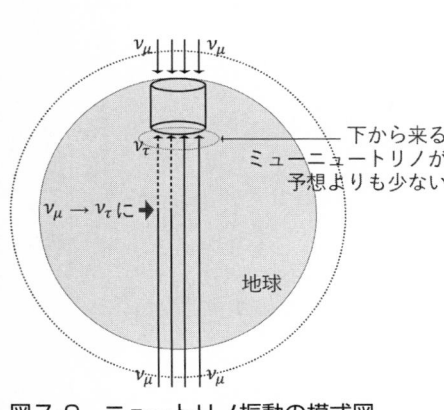

ν_μ ν_μ

ν_τ

下から来る
ミューニュートリノが
予想よりも少ない

$\nu_\mu \rightarrow \nu_\tau$ に→

地球

ν_μ ν_μ

図7-9　ニュートリノ振動の模式図

ュートリノ自身の性質の研究が大きく進んだのです。これらの研究に対して、2002年にはカミオカンデを指揮した小柴昌俊氏と、太陽ニュートリノの観測を行ったレイモンド・デイビス氏が、また2015年には、スーパーカミオカンデでニュートリノ振動の研究を率いた梶田隆章氏と、SNO実験を率いたアーサー・マクドナルド氏がノーベル物理学賞を受賞しています。

7-3 ニュートリノ天体

宇宙では太陽だけではなく、様々な天体がニュートリノを放出しています。

ここでは、本書で登場した宇宙の爆発現象を中心に、宇宙にどのようなニュートリノ天体があるかを見ていきます（図7−10）。

〔1〕 重力崩壊型超新星

太陽のような核反応を起こしている恒星は全てニュートリノを放っていますが、残念ながら太陽以外の星からのニュートリノのシグナルはあまりに微弱なため、現在の観測技術では捉えることができません。しかし、重力崩壊型超新星を起こすような大質量の星は、爆発の1週間前程度から非常に強いニュートリノを放出するようになります。このような超新星爆発前のニュートリ

ノ放射は、爆発の「前兆」となることから、「前兆ニュートリノ」と呼ばれています。

そして、星の中心部で重力崩壊が起きると、星の中心部から大量のニュートリノが放出されます。これが「超新星ニュートリノ」です。

超新星ニュートリノの発生原理は大きく2つに分けられます。まず、重力崩壊をする星の中心部では、陽子と電子がくっついて中性子となる反応がたくさん起き、これによって電子ニュートリノが大量に放出されることが予想されています。さらに、星の中心部の温度が100億度（10^{10} K）程度の超高温になると、光や電子・陽電子、ニュートリノ・反ニュートリノが作られます。こうなると、電子ニュートリノ、ミューニュートリノ、タウニュートリノと、それぞれの反粒子が全て放出されるようになります。

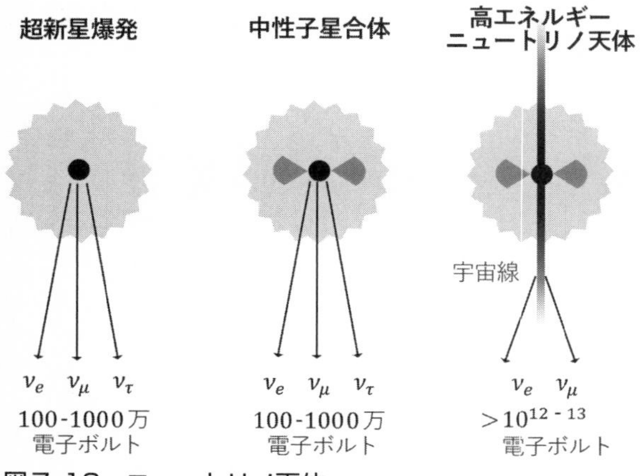

超新星爆発	中性子星合体	高エネルギー ニュートリノ天体
ν_e ν_μ ν_τ	ν_e ν_μ ν_τ	ν_e ν_μ
100-1000万 電子ボルト	100-1000万 電子ボルト	>$10^{12\text{-}13}$ 電子ボルト

図7-10　ニュートリノ天体

前兆ニュートリノは「暗い」ため、現状では地球の極近傍で超新星爆発が起きない限り観測することはできません。一方で、超新星ニュートリノは前兆ニュートリノよりも10万倍程度明るく、銀河系の中で超新星爆発が起きれば確実に観測できることが期待されています。このとき放出されるニュートリノのエネルギーは、およそ100～1000万電子ボルトです。これはスーパーカミオカンデなどで観測可能なエネルギーのため、超新星爆発はニュートリノ観測の主なターゲットになっています。実際、超新星ニュートリノはすでに観測されており、これについては9章で詳しく紹介します。

（2）中性子星合体

連星をなす中性子星が合体すると、一部の物質が宇宙空間に飛び散る一方、中心には中性子星もしくはブラックホールが残ります。短時間でも中性子星が残れば、超新星爆発と同じように全種類のニュートリノが放射されることが期待されます。さらに、中心にできた天体の周りには円盤ができることが予想されています。円盤の温度も100億度（10^{10} K）程度になるため、円盤からもニュートリノが放出されると考えられています。

中心にできる天体は超新星と似ているため、放出されるニュートリノの明るさも超新星ニュートリノと同じ程度になることが予想されます。つまり、銀河系の中で中性子星合体が起きれば、

ニュートリノが観測されることが期待されます。しかし、中性子星合体の頻度は1つの銀河で10万年に1回程度と低いため、観測できる確率は非常に低いといわざるをえません。

（3）高エネルギーニュートリノ天体

最後は、まだその正体が分かっていない「高エネルギーニュートリノ天体」です。

前節では、宇宙線という高いエネルギーをもった粒子が大気に突入して大気ニュートリノが生じることを説明しました。宇宙線の典型的なエネルギーは、1ギガ電子ボルト（10^9電子ボルト）程度ですので、作られるニュートリノも1ギガ電子ボルトよりもエネルギーの高い宇宙線も飛び交っています。さらに、宇宙には1ギガ電子ボルト程度の非常に高いエネルギーをもっていることが知られています。これらの宇宙線は宇宙に存在するなんらかの天体現象によって作られているはずですが、その起源はまだ完全には理解されていません。

天体でそのような宇宙線が作られると、その近くにある物質とぶつかることでニュートリノが発せられます。原理は大気ニュートリノと同じですが、宇宙線が当たる標的は、地球の大気ではなく天体の周りにある物質や光です。つまり、高いエネルギーの宇宙線を作り出している天体は、高いエネルギーのニュートリノも同時に作り出しているはずなのです。このような天体を「高エネルギーニュートリノ天体」と呼ぶことにします。

高エネルギーニュートリノ天体から放出されるニュートリノの種類は、大気ニュートリノと同じく、ミューニュートリノと電子ニュートリノです。ニュートリノのエネルギーは作り出される宇宙線のエネルギーに対応して、大気ニュートリノよりもさらにエネルギーが高くなり得ます。本書では、$10^{12} \sim 10^{13}$ 電子ボルト程度以上のニュートリノを「高エネルギーニュートリノ」と呼ぶことにします。高エネルギーニュートリノは前述のIceCube観測所によって実際に観測されており、これに関しては11章で詳細に紹介します。

8章 —— 重力波天文学

宇宙からのメッセンジャーとして、もっとも最近に観測が可能になったのが「重力波」です。本章では、まず重力波とは何か、そしてどうやって重力波を検出するのかを説明し、実際の重力波の検出例を紹介します。その後、宇宙でどのような天体が重力波を放つかを説明し、

8-1 重力波とは

重力波という言葉を聞いたことがあっても、それを生き生きと実感できる人はなかなかいないでしょう。重力波が伝わっているところを「見た」ことがある人はいないはずです。そもそも、重力波は私たちの目で「見る」ことはできません。

しかし、重力波にはピンとこなくても「重力」なら皆さんご存じのはずです。今、私たちが座っていて、宙にフワフワと浮いてしまわない理由は、私たちが地球の重力に引かれているためで

重力

地球

図8-1　重力

す（図8-1）。この本から手を離すと床に落ちてしまうのも重力の仕事です。地球に限らず、質量があるものの間にはいつでも力が働くことが知られており、万有引力と呼ばれています。

重力は宇宙の至るところで重要な役割を果たしており、例えば、星は重力に対抗するように核融合しており、核融合ができなくなると潰れてしまうのでした。また、ブラックホールは重力が強すぎて光すら逃げ出せない天体でした。

では、そもそも重力とは何でしょうか？

この問題に理由を見出したのがアインシュタインの一般相対性理論です。

一般相対性理論では、質量のあるところでは「時空が歪む」と考えます。時空とは時間と空間を合わせた概念です。空間は左右、前後、上下の3次元で、時間は過去から未来の1次元ですので、時空は全部で4次元になります。絵では4次元を表すことができないので、簡単な2次元の面で考えてみましょう。

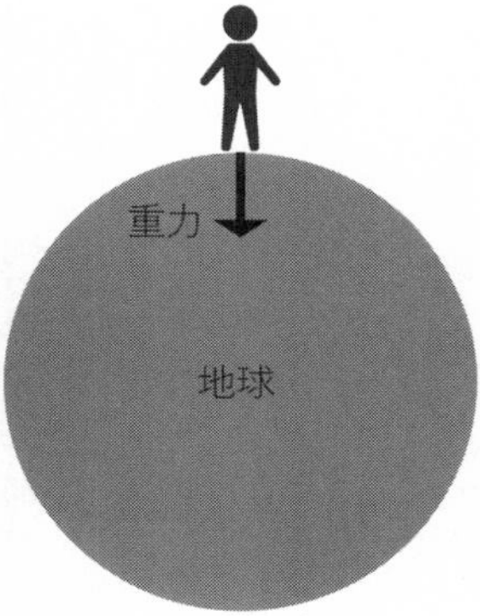

図8-2の左側が何もないときの時空を表したものだと考えてください。ここに地球のような質量の大きいものがあると、時空が歪むと考えます（図8-2右

側)。ピンと張った布の一部分を押して、へこませているような状況を考えると分かりやすいと思います。ここで、布の上に1つボールを置くと、ボールはへこませた部分に転がっていくでしょう。ボールがへこませた方向に動くということは、ボールが「力を感じる」ということです。これと同じように、地球が作った時空の歪みによって、私たちの体は地球に引かれる力を感じると考えることができます。

今度は重力源である地球が激しく動いていたら何が起きるかを考えてみます。地球は布をへこませていますので、へこませた部分を激しく動かすようなイメージです。すると、周りの布のへこみ方は時々刻々と変化し、ちょうど波のように外向きに伝わります（図8-3）。これが重力波のイメージです。重力の強い天体が激しく動くと、その周りの時空の歪みが波のように伝わっていきます。このことから、重力波は「時空のさざなみ」と表現されます。

では、重力波がやってくると一体何が起きるのでしょうか？　重力波は時空の「波」ですので、時間と空間が波打つように変化します。具体的には、1mと思っていた長さ（空間）が1mでなくなるのです。1秒

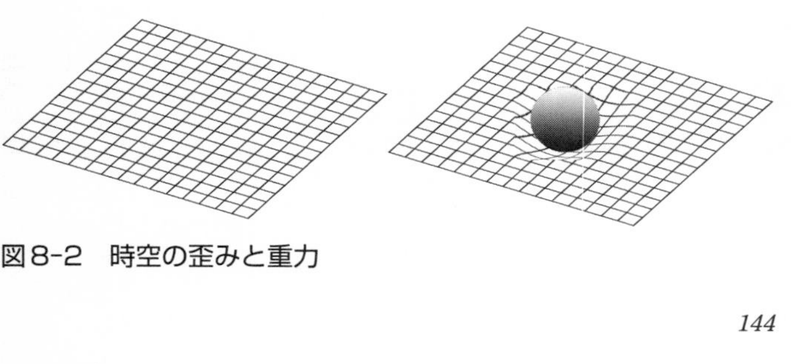

図8-2　時空の歪みと重力

図8-3　重力波の模式図
(MARK GARLICK/SCIENCE PHOTO LIBRARY)

だと思っていた時間が1秒でなくなるともいえます。そんなことを実感したことはないと思いますが、それは仕方がありません。重力波は非常に微弱なため、私たちがそれを日々の生活で実感することはありません。

ここで重力波の微弱さを実感してみましょう。

重力波の振幅はhで表し、重力波によって長さLがΔLだけ変わったとき、「$h=\Delta L/L$」となります。つまり、重力波の振幅は長さの変化の割合で表します。割合ですので「長さ」などの単位はもたないことに注意してください。

重力波の振幅hを式で表すと、図8-4のように書けます。文字がたくさんあって一見取っつきにくいですが、心配はいりません。

まず、先頭にある ε（イプシロン）は重力波の放ちやすさを表す量で、物体の動きの非対称性の度合いで決まります。これは後で説明しますので、とりあえずここでは気にせず1としておきましょう。重力定数のGと光速度cが出てきますが、これらはどちらも定数です。ということは、重力波の振幅を決めるのに重要な

量は、天体の質量 M、天体の速度 v、天体までの距離 d の3つだけなのです。つまり、どのような質量（M）の天体が、どれぐらいの速度（v）で動いているかが分かれば、あとは天体までの距離（d）を指定すれば、重力波の振幅を計算することができます。正確には、速度の変化があること（加速度）が重要なのですが、それは後で説明する ε に含めてしまうことにします。

さて、図8−4の式の形を見てみると、どのような現象が強い重力波を放つかが分かります。天体の質量 M が大きい方が、時空がたくさん歪んでいて、重力波が強そうですよね？　その予想通り、重力波の振幅は質量に比例します。また、物体の速度が速い方が重力波が強くなり、振幅は速度の二乗に比例します。あとは、距離 d が分母にあるので、距離が遠いほど重力波の振幅は小さくなります。これも納得できますよね。これで重力波を実感する準備は整いました。

では、実際に重力波の強さを計算してみましょう。

重力波源として以前からもっとも期待されていたのが、6章で登場した中性子星の合体です。連星をなす中性子星は重力波を放つことで距離がどんどん縮まり、最後には合体してしまいます。そして、合体の瞬間にはその速度が光速の20%程度にも達します。そして、この現象が距離1億光年（$d = 10^{24}$ m）程度の銀河で起きたとすると、重力波の振幅は図8−5のように

$$h = \varepsilon \frac{2GM}{c^2}\left(\frac{v}{c}\right)^2 \frac{1}{d}$$

M：天体の質量

v：天体の速度

d：天体までの距離

ε：重力波放射の効率
　　（動きの非対称度）

図8-4　重力波の強さ

$$h = \varepsilon \frac{2GM}{c^2}\left(\frac{v}{c}\right)^2 \frac{1}{d} \qquad \begin{cases} M = 1.5\text{太陽質量} = 3 \times 10^{30}\ \text{kg} \\ v = 0.2 \times c \\ d = 1\text{億光年} \sim 10^{24}\ \text{m} \end{cases}$$

$$\cong \frac{2 \times 6.7 \times 10^{-11} \times 3 \times 10^{30}}{(3 \times 10^8)^2} \times (0.2)^2 \times \frac{1}{10^{24}}$$

$$\cong \frac{2 \times 6.7 \times 3 \times 4}{9} \times 10^{-11} \times 10^{30} \times 10^{-16} \times 10^{-2} \times 10^{-24}$$

$$\cong 2 \times 10^{-22}$$

図8-5　中性子星合体からの重力波

$h=10^{-22}$程度となります。中性子星合体のような激しい現象でも、重力波の振幅は10^{-22}程度しかありません。つまり、重力波によって長さが変わる割合は0.0000…と書くと0が22個並ぶ程度しかないのです。

ゼロが22個並ぶといわれても想像するのが難しいので、図2-1で登場した宇宙の長さスケールを使って確認してみましょう。例えば、太陽系の大きさは10^{13}m程度でした。ここに重力波が来ると、割合にして10^{-22}だけ長さに変化が起きますので、太陽系の大きさは$10^{13}\times10^{-22}=10^{-9}$m（＝1nm＝1mの10億分の1）ぐらいだけ変化することが分かります。これだとピンとこないので、もう少し大きいものと比較してみましょう。銀河系の大きさは、およそ10万光年（10^{21}m）です。つまり、重力波の振幅は、銀河系の大きさが$10^{21}\times10^{-22}=0.1$m＝10cmだけ変化するようなものです。

重力波がいかに微弱かを分かっていただけたでしょうか。

ちなみに、相対性理論から重力波の存在を予言したアイ

ンシュタイン自身は、重力波はあまりに微弱なため、実際に観測するのは不可能だと考えていたと伝えられています。この「不可能」を可能にするため、長年にわたって重力波を検出する試みが続けられてきました。

では、重力波を捉えるには、どのような「望遠鏡」を作れば良いのでしょうか？　以下では最新の重力波望遠鏡の仕組みを簡単に紹介します。

現在の重力波望遠鏡は、重力波を観測するためにレーザー干渉計の技術を採用しています。レーザー干渉計は、光の波としての性質を使って距離を正確に測る方法で、様々な用途に使われています。干渉とは波の重ね合わせによって新しい波の形ができることで、例えば、2つの光の振幅の山と山が重ね合わさると光は強度を増し、山と谷が合わさると打ち消し合います。もっとも単純なレーザー干渉計は、図8-6のようにレーザーの発信源、光を2方向に分ける部分、光を反射する鏡、光の干渉を観測する検出器からなります。

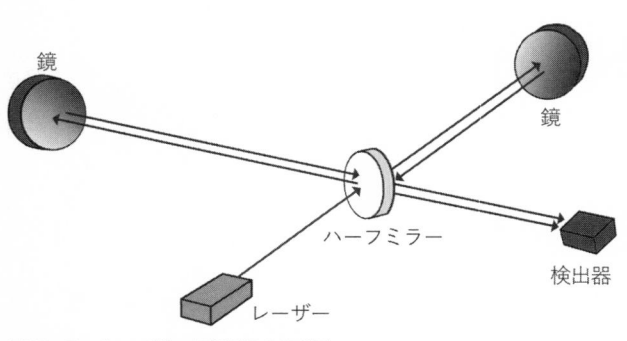

図8-6　レーザー干渉計の原理

148

**図8-7 重力波望遠鏡
(LIGO, Virgo, KAGRA)**
(ICRR, Univ. of Tokyo/
LIGO Lab/Caltech/MIT/
Virgo Collaboration)

ここに重力波がやってくると、鏡までの距離がわずかに変化します。それが光の進む距離を変化させるため、2つの光の干渉の様子の変化として重力波を検出することができるのです。ニュートリノの場合と同様、なにかを「検出」するには、それがやってきたことを私たちが認識できる信号に変化させることが必要です。重力波の場合は、微小な長さの変化を光の干渉を使って検出しているのです。

微弱な重力波 (h) を検出するには、なるべく長い距離で光を干渉させた方が有利になるため ($\Delta L = hL$ で、ΔL が大きくなるため)、重力波望遠鏡は巨大なLの字の「腕」をもった構造をしています。1990年代には100mを超える腕の長さをもつレーザー干渉計として、日本のTAMA（300m）やドイツのGEO（600m）が建設されました。さらに、アメリカとイタリアではそれぞれLIGO（4km）、Virg ｏ（3㎞）が建設され、2015年にはアップグレードしたLIGO（Advanced LIGO）、2017年にはアップグレードしたVirgo（Advanced Virgo）が観測を開始しました（図8−7）。2020年には、日本の重力波望遠鏡KAGRAでも徐々に観測が開始されており、2025年以降にはインドにも重力波望遠鏡が建設される予定となっています。

地球上で複数の重力波望遠鏡が稼働していることは、マルチメッセンジャー天文学にとって非常に重要であり、これについても後ほど説明していきます。

図8−8は、2017年時点のLIGOとVirgoの重力波観測の感度を表しています。横軸が重力波の周波数で、縦軸が捉えられる重力波の振幅を表しています。下に行くほど振幅が小さくなるので、線が下にあればあるほど「感度が良い」ことを表します。

宇宙からやってくる微弱な重力波を捉えるためには、地球上のあらゆる「揺れ」は観測の邪魔もの、言い換えると「ノイズ」になります。ですので、図8−8の縦軸は重力波望遠鏡が感じるノイズの大きさを表したものと

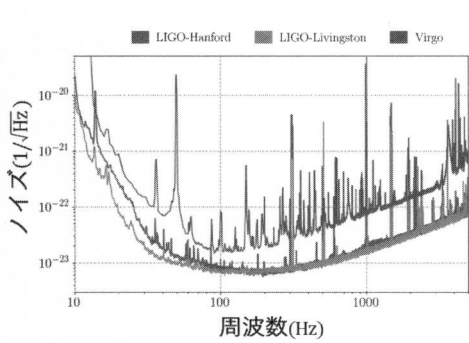

図8-8　重力波望遠鏡の感度
(Abbott, B. P., et al. 2019, Physical Review X, 9, 031040)

いえます。

例えば、図の左側で急激にノイズが大きくなっているのは、地面が揺れていることによるノイズです。このようなノイズを抑えるために、日本のKAGRAは鉱山の地下に建設されています。また、右側は干渉計に使うレーザーにともなうノイズです。現在の重力波望遠鏡は、これらのノイズを $h = 10^{-23} \sim 10^{-22}$ のレベルまで低減することに成功しており、上記で説明したような宇宙からの微弱なシグナルを捉える準備ができているのです。

$$M = 5 \text{ kg}$$
$$v = 6 \text{ m/s}$$
$$d = 10 \text{ m}$$

$$h = \varepsilon \frac{2GM}{c^2}\left(\frac{v}{c}\right)^2 \frac{1}{d}$$

$$= 1 \times \frac{2 \times 6.7 \times 10^{-11} \times 5}{(3 \times 10^8)^2} \times \left(\frac{6}{3 \times 10^8}\right)^2 \times \frac{1}{10}$$

$$\cong 3 \times 10^{-43}$$

図8-9　人間が放つ重力波

最後に、簡単な思考実験をしてみましょう。「人間重力波発生器」です。質量があるものには全て重力が働くので、原理的には私たちも重力波を放つことができるはずです。なるべく激しい重力波を放つことができるように、5kgのダンベルを両手に持ち、腕を伸ばして、中性子星の合体のようにぐるぐると回すことにしましょう。腕の長さが1mぐらいだとすると、円周は6mぐらいです。1秒に1回転ぐらいが限界だと思われますので（腕を痛めますので絶対に真似しないで

ください!)、その速度は秒速6mです。

この人間重力波発生器を、安全のため10mぐらい離れて観測すると、重力波の振幅はどうなるでしょうか? 計算すると$h = 10^{-43}$ぐらいになります(図8-9)。図8-5の場合の中性子星合体までの距離よりも23桁近くで観測しているのにもかかわらず、重力波の振幅は21桁も小さくなります。 残念ながらこの微弱な信号は現在の技術では観測することができません。とはいえ、人間は電磁波(赤外線)を放ち(3章)、ニュートリノも放っていますし(7章)、頑張って動けば極めて微弱な重力波を放つこともできるのは面白いですね。

8-2 重力波天体

この節では、実際の宇宙でどのような天体が強い重力波を放つかを見ていきましょう。先ほどの図8-4の式からも分かるように、質量の大きい天体が、より速く(激しく)動くと強い重力波が発生します。この条件を満たす有力な天体が、(1)コンパクト天体の合体と(2)重力崩壊型超新星です(図8-10)。

(1) コンパクト天体の合体

重力崩壊型超新星

コンパクト天体の合体

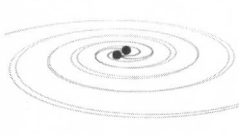

図8-10　重力波天体

コンパクト（compact）とは「小さく」、「ぎっしり詰まった」という意味をもつ言葉です。宇宙で「コンパクト」な天体というと、質量のわりにサイズが小さい白色矮星、中性子星とブラックホールのことを主に指します。例えば、白色矮星は太陽の半分程度の質量をもちながら、半径が地球程度（約6000km）しかありません。また、中性子星は太陽の1・5倍程度の質量をもちながら、半径が10km程度しかありません。例えば、太陽の10倍の質量のブラックホールのシュバルツシルト半径（2章コラム）は30kmです。

特に、中性子星同士の合体現象は長く重力波天体として期待されてきました。6章で紹介した通り、銀河系には中性子星の連星が存在していることが知られており、しかも重力波を放ちながらその軌道がじわじわと近づいていることまで観測されています。残念ながらこの時期の重力波自体は微弱すぎて直接捉えることはできませんが、さらに軌道が近くなって中性子星が合体する直前には、非常に強い重力波が放たれます（図8-5）。例えば50km程度まで近づいた中性子星は光の速度の10%程度で動いており（秒速3万km）、1秒間に100回（！）もお互いの周りを回ります。中性子星の重力は地球の2000億倍程度だったことを

153

思い出してください（6章）。50kmというと、東京の首都圏ぐらいの大きさです。首都圏の上空で半径10kmの超強力重力天体である中性子星が1秒間に100回もぐるぐると回るのを想像すると、そのすごさがイメージできるのではないでしょうか。

中性子星合体では、軌道運動によって重力波が放出されるため、合体に近づくにつれて軌道の周期がどんどん短くなり、重力波の周波数はじわじわと高くなります。先ほどの例だと、1秒間に100回、中性子星がお互いの周りを回っているので、そのときに放出される重力波はその周期に対応して100Hz（実際は半周で1つ波が発生するので200Hz）程度になります。このような重力波の性質、つまり「波形」は、一般相対性理論に基づいて正確に予想することができるため、事前に様々な質量をもつ合体に対して重力波の波形の「テンプレート」を用意しておくことができます。そして、重力波望遠鏡で得られたデータからテンプレートと似たパターンを探すことで、効率良く重力波を検出し、さらに合体した天体の質量を推定するこ

	コンパクト天体の合体	重力崩壊型超新星
質量	中性子星：約1.5太陽質量 ブラックホール：≥5太陽質量	大質量星の中心部： 約1.5太陽質量
速度	光速の>10%（>3×10^7 m/s）	$\sim10^7$ m/s
非対称度 ε	~1	$\sim10^{-3}$
重力波波形	予測できる	予測できない
発生率	中性子星合体： 1銀河あたり10万年に1回	1銀河あたり約100年に1回

図8-11　有力な重力波天体

とができます。

中性子星の合体は重力波観測の本命のターゲットだったため、現行の重力波望遠鏡（LIGO、Virgo、KAGRA）は、100Hz付近の重力波がもっともよく捉えられるように設計されています。ここで、図8-8の重力波望遠鏡の感度をもう一度見てください。どの検出装置も100Hzのあたりでノイズの線が下の方に来ており（つまり感度が良くなっており）、中性子星合体からの重力波が捉えられるように設計されているのが分かります。

最後に、実際の重力波観測に向けて重要なことを考えなければいけません。

それは、中性子星合体が宇宙でどれぐらいの頻度で起きるのかということです。これについては、実は重力波で観測してみないとよく分からないというのが正直なところです。しかし、銀河系内で知られている連星中性子星の数などから大雑把に見積もると、1つの銀河あたり、約10万年に1回程度しか中性子星は合体しないと考えられています。1つの銀河には1000億個も星があるのに、中性子星が合体する現象は10万年に1回の超「レア」イベントなのです。そのため、私たちが生きている間に銀河系内の中性子星合体を観測する確率は極めて低いといえます。

しかし、諦める必要はありません。宇宙には銀河系のような銀河がたくさんあるため、中性子星合体からの重力波を観測したければ、銀河系の外の銀河まで含めて監視すれば良いのです。

例えば、2億光年ぐらいまで含めると、その中には銀河が数万個ぐらい含まれています。1つ

の銀河あたりでは10万年に1回とレアでも、数万個の銀河を監視できれば、その中のどこかで中性子星合体が起きる確率は数年に1回になります。

実際に、現在の重力波望遠鏡はおよそ7億光年先の銀河で起きる中性子星合体からの重力波を捉えられるよう設計されており、1年に1回以上の中性子星合体からの重力波を観測できることが期待されています。中性子星合体の実際の観測に関しては、10章で詳しく紹介します。

（2）重力崩壊型超新星

もう一つの重要な重力波天体が重力崩壊型超新星です。

4章で紹介した通り、太陽よりも約10倍以上重い星は、一生の最期に重力崩壊を起こし、星の中心には中性子星ができます。できたての中性子星が放つニュートリノを吸収することで、星の外側は爆発に至ると考えられています。このとき、重力の強い中性子星の付近で物質が激しく動くため、超新星も強い重力波を放つことが期待されます。

では、実際に図8−5の式を使って、重力崩壊型超新星がどれぐらい強い重力波を放つかを確認してみましょう。

まず、星の中心には太陽の1・5倍程度の質量の中性子星があり、その周りにも同程度以上の質量があるので、質量Mは中性子星合体のときと同じ程度だと思って良いでしょう。さらに、爆

$$M = 1.5\text{太陽質量}$$
$$(3 \times 10^{30}\ \text{kg})$$
$$v = 0.1\,\text{c}$$
$$d = 1\text{億光年}$$
$$\varepsilon = 10^{-3}$$

$$h = \varepsilon \frac{2GM}{c^2}\left(\frac{v}{c}\right)^2 \frac{1}{d}$$

$$= 10^{-3} \times \frac{(0.1)^2}{(0.2)^2}\ h_{\text{中性子星合体}}$$

$$\cong 3 \times 10^{-4}\ h_{\text{中性子星合体}}$$

図8-12　超新星爆発からの重力波

発による物質の運動速度は最大で光速の10％程度で、中性子星合体のときよりはやや小さいですが、それでもかなり速い速度です。

重力崩壊型超新星と中性子星合体でもっとも違うのが、運動の様子です。中性子星合体の場合は、強い重力をもつ中性子星そのものが軌道運動でぐるぐる動いていました。一方、超新星爆発の場合は、中性子星は星の中心に鎮座しており大きくは動きません。そのため、重力波は主に中性子星の近くで激しく動く物質から放射されます。このとき、物質の動きには主に内向きの動きと外向きの動き、それにプラスした「ぐちゃぐちゃ」としたランダムな動きがあります（図8-12）。球体が小さくなったり大きくなったりするような運動だけでは重力波は発生しないため、重力波に寄与する非対称な動きはこの「ぐちゃぐちゃ」な部分だけです。その結果、超新星爆発からの重力波放射は中性子星合体に比べると効率が1000倍ほど悪く、その効果を表すために図8-4の式に登場したεを0・001ぐらいにとります。超新星爆発のメカニズムは正確には分かっていないため、この数字は大雑把な目安だと思って

ください。

これらの条件から重力波の振幅を計算すると、重力崩壊型超新星からの重力波は同じ距離で起きた中性子星合体の場合よりも3000倍程度弱いことが分かります（図8-12）。ですので、超新星爆発からの重力波を捉えるには、中性子星合体の場合よりも3000倍程度近くで起きる（距離 d が小さい）必要があります。先ほど紹介した通り、LIGO、Virgo、KAGRAでは、中性子星合体を最大7億光年程度の距離まで観測できるよう感度の目標が設定されています。この数字から換算すると、超新星爆発からの重力波が観測できる距離は $(7 \times 10^{8} \div 3 \times 10^{3} \sim 2 \times 10^{5})$ で20万光年程度となります。つまり、銀河系（10万光年程度）の中か、その極めて近傍にある星が爆発すれば重力波を捉えることができるでしょう。

最後にもう一つ、中性子星合体と重力崩壊型超新星の違いを補足しておきます。それは重力波の波形です。

中性子星合体の場合、公転しながら軌道が徐々に縮まっていくので、どのような重力波が放出されるかを事前に計算しておくことができました。しかし、重力崩壊型超新星では、重力波は中性子星の周りの物質がぐちゃぐちゃに動き回ることで発生するため、その様子を正確に予言することができません。どのような重力波を探せば良いかのテンプレートを用意することができない

158

のです。それでも、超新星爆発からの重力波シグナルは、星の中心部が爆発するのにかかる1秒程度だけで強くなることが期待されるため、短期間に急に現れる強いシグナルとして検出することができます。やや詳細になってしまいましたが、この手法の違いがもたらした面白いエピソードを本章のコラムで紹介します。

4章で紹介した通り、私たちは超新星爆発の爆発メカニズムをまだ完全には理解していません。超新星爆発からの重力波を検出することができれば、爆発の瞬間に星の中心で物質がどのような運動をしているかを知ることができます。そのため、超新星爆発からの重力波シグナルは、爆発メカニズムの解明に向けての重要な鍵をもたらしてくれるでしょう。

電磁波の観測からは、1つの銀河あたり50〜100年に1回程度の頻度で超新星爆発が起きることが知られています。つまり、銀河系内でも約50〜100年に1回は、超新星爆発が起きるはずです。その頻度は必ずしも高くありませんが、このまさに千載一遇のチャンスを逃さないように、世界中の研究者たちがマルチメッセンジャー観測の準備を整えています。

8・3　重力波天文学の始まり

「まえがき」で紹介した通り、重力波望遠鏡LIGOによって、2015年に史上初めて重力波

が直接検出されました。観測された日付（9月14日）をとってこのイベントは「GW15091 4」と呼ばれています（GWは重力波 gravitational wave の頭文字です）。図8-13が実際に観測されたシグナルです。

アインシュタインが一般相対性理論を発表したのは1915年のことでした。それからちょうど100年後という、まさに「世紀の」快挙です。

本節では、この歴史的な図をゆっくりと味わっていきましょう。

図の横軸は時間を表し、縦軸は重力波の振幅を表しています。LIGOはアメリカ国内の2ヵ所（ワシントン州ハンフォードとルイジアナ州リビングストン）にレーザー干渉計を設置しており、上の2つのパネル

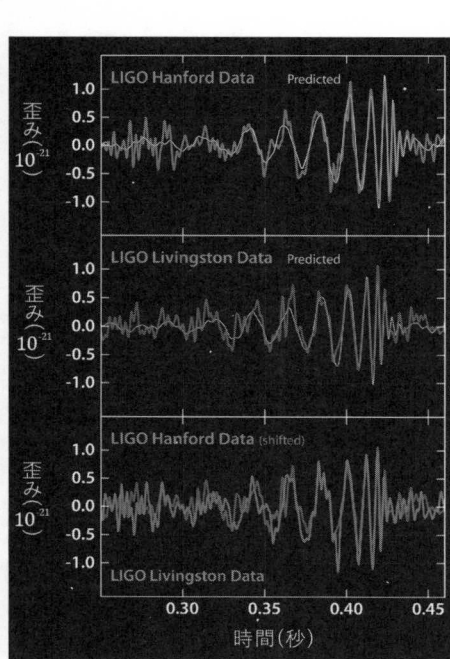

図8-13　GW150914の重力波シグナル
(Caltech/MIT/LIGO Lab)

はそれぞれ2つの観測所で得られたデータを表しています。

この横軸を見ると、観測された重力波がわずか0・15秒程度のものだったことが分かります。そして縦軸を見ると、その振幅が10^{-21}の単位であることも分かります。このような極めて微小な長さの変化が実際に捉えられたのです。

次に、波の間隔に注目してみましょう。時間が経つにつれて波の間隔が狭くなっていることが分かります。これは重力波の振動数が時間とともに上がっていることを表しています。2つの天体が合体するときには、天体の距離が近づくにつれて速度が速くなり、公転の周期は短くなるので、重力波の周波数が上がることが予想されます。つまり、これは天体の合体現象による重力波であることが読み取れます。

合体の直前の波の間隔は0・005秒程度で、振動数にすると（1/0.005＝）200Hz程度です。

重力波の周波数は、天体の軌道運動の周波数の2倍ですので、天体の軌道運動の周波数は100Hz程度となります。つまり、1秒間に100回も天体がぐるぐるとお互いの周りを回ったことが分かります。

観測された重力波の周波数とその変化から、合体した2つの天体の質量を推定することができます。推定された質量は、太陽の約36倍と約29倍でした。中性子星ではこのような質量を支えることができませんので、合体した2つの天体は、2つともブラックホールであると考えられま

す。実は、初めて観測された重力波がブラックホールの合体だったことは、多くの研究者にとって驚きでした（その理由は、本章末のコラムを参照してください）。

図8−13の上の2つのパネルには、一般相対性理論に基づいて予想された、36太陽質量と29太陽質量のブラックホール合体から放射される重力波の波形が細い線で示されています。観測された重力波の様子が見事に再現されていることが分かります。

ちなみに、2つのブラックホールが合体すると、より大きな質量のブラックホールが作られます。GW150914の場合、新しくできたブラックホールの質量は、約62太陽質量でした。鋭い方はここでおやっと思われるかもしれません。合体した天体のそれぞれの質量は36太陽質量と29太陽質量で、合計すると65太陽質量となります。ところが、残されたブラックホールの質量は62太陽質量しかありません。その差の3太陽質量分はどこに行ってしまったのでしょうか？

ここでまたアインシュタインの有名な式「$E=mc^2$」が登場します。重力波はエネルギーを運びますので、ブラックホールから見ると重力波放射によってエネルギーが失われたことになります。「$E=mc^2$」はエネルギーと質量が等価であることを意味していますので、重力波を放出してエネルギーを失ったことは質量が減ったともいえます。GW150914の場合は、重力波によって太陽3個分の質量に相当するエネルギーが失われたのです。

ここでもう一度図8−4の式を見返してみましょう。重要な量は天体の質量M、天体の速度

v、天体までの距離 d の3つでした。

観測された重力波の周波数とその変化を一般相対性理論からの予想と比較することで、質量だけでなく、2つの天体が合体の直前でどのような速度で動いていたかも分かります。GW150914の場合は、合体の直前のブラックホールの相対速度（片方のブラックホールから見たもう一方のブラックホールの速度）は光速の60％程度にも達しました。質量 M、天体の速度 v が分かっていて、観測された振幅も分かっていますので、残ったもう一つの量である重力波を放った天体までの距離 d を推定することができます。これにより、GW150914までの距離はおよそ13億光年（1.3×10^9 光年）であることが分かりました。

では13億光年かなたの「どこ」から重力波はやってきたのでしょうか？

実は、このブラックホール合体が宇宙のどこで起きたのかは分かっていません。つまり、重力波望遠鏡はレーザー干渉計で微小な長さの違いを監視することで重力波を検出しています。これはよく考えてみると素晴らしい特徴です。電磁波の望遠鏡では、望遠鏡を天体の方向に向けて観測を行いますので、望遠鏡が向いていない方向で何かが起きていてもそれを知る方法は全くありません。一方で、重力波望遠鏡はほぼ全方位監視型になっているため、宇宙のほぼどの方向から重力波がやってきてもそれを捉えることができるのです。

しかし、この特徴は欠点にもなります。重力波がどこから来ても良いのですが、どこから来たかがよく分からないのです。それでも、全く分からないわけではありません。ここで図8―13をもう一度ご覧ください。一番下のパネルはLIGOの2つの観測装置で捉えられた重力波の波形を重ねたものです。ただし、ハンフォードで得られたデータを0・007秒（7ミリ秒）だけ前にずらして表示しています。すると2つの波形はぴったりと重なるのが分かります。上の2つのパネルを目を凝らして見てみると、確かにリビングストンのデータ（真ん中のパネル）の方が少し早く重力波が来ていますね。では、なぜ時間の差が生じるのでしょうか？

一般相対性理論によると重力波が伝わる速度は光の速度と同じで、秒速約30万kmです。リビングストンとハンフォードの2つの観測所は約3000km離れていますので、2つの観測所間の距離に対応した時間差が生じます。そしてその時間差から重力波がやってきた方向を推定することができます。GW150914の場合では、リビングストンが先に重力波を観測しましたので、重力波はリビングストン側から届いたはずです。

もう少し詳しく見てみましょう。例えば、2つの観測所に対して真横から重力波がやってくると、片方の観測所が重力波を観測してから（3000 km ÷ 300,000 km/s＝10^{-2}秒＝）0・01秒（10ミリ秒）後に、もう一方の観測所が重力波を観測します（図8―14）。一方で真上から来た場合、この時間差はなくなります。GW150914では、時間差が7ミリ秒でしたので、この2

164

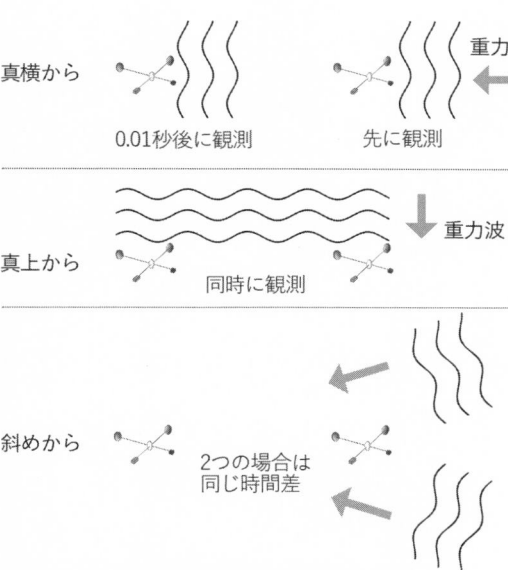

真横から

0.01秒後に観測　　　先に観測

重力波

真上から

同時に観測

重力波

斜めから

2つの場合は
同じ時間差

図8-14　重力波の到来方向の決定方法

つの場合の中間ぐらいとなる、斜めから重力波がやってきたことが分かります。ただし、片方の観測所から見て、もう一方の観測所と重力波源のなす角度が同じ角度であれば時間差は同じになってしまうので、空に描いた円環のどこから来たかは正しく区別することができません。

口絵に掲載した口絵2を見てください。これは実際にGW150914がどこからやってきたかの推定領域です。重力波天体の位置を指し示す「地図」ともいえるでしょう。

この画像は、まさに私たちが空を見上げたときに見える空全体を表しており、真ん中あたりに天の川を見ることができます。この画像の下側にある等高線で表された範囲が、重力波がやってきた方向を表しています。ここで、

165

もっとも外側の等高線が、その内側に重力波天体がいる確率が90％の領域に対応しています。ちなみに、等高線の形が完全な円環ではなく、円環の一部の円弧のようになっているのは、時間差だけでなく、観測所にとってどの方角が観測しやすいかという情報も使われているためです。円環が切れている場所は、その時刻のLIGOにとって観測しにくかった方向のため、確率が低くなっています。

重力波がやってきた方向の推定領域の広さはおよそ600平方度でした。天文学では見かけの大きさを表すのに角度を使います。例えば、満月の直径は0・5度です。見かけの広さは数学で面積を求めるのと同じ要領で、1度×1度の領域を1平方度とします。満月の例では、広さは0・25度×0・25度×π＝約0・2平方度となります。

つまり、GW150914の到来方向は、満月の大きさ3000個（600÷0.2）分に相当します。

重力波を放ったブラックホールの合体現象は、この中の「どこか」にはいるはずなのですが、どこにいるかは詳細には分からないのです。

では、重力波を放った天体の居場所を突き止めるにはどうすれば良いのでしょうか？

ここでマルチメッセンジャー天文学の出番となります。重力波望遠鏡だけでは重力波を放った天体がどこにいるかが分かりません。そこで、重力波と電磁波の天文観測が協力して、重力波を放った天体を電磁波で探し出すのです。

166

実際に、GW150914が観測された2015年当時、重力波観測グループと世界中の天文学者のグループが取り決めを結び、「重力波が観測されたら連絡するので、重力波が来た方向を探しに行ってください」という共同研究が行われていました。この取り決めによって、私たちのグループを含む世界中の天文学者が重力波の地図の領域の電磁波観測を行いました。

その結果、残念ながら重力波天体に対応すると思われる天体は発見されませんでした。しかし、実際に重力波検出の速報を受けた電磁波観測が実現したことは素晴らしいことです。GW150914の観測によって、重力波天文学、そして重力波と電磁波のマルチメッセンジャー天文学が幕を開けたのです（鋭い読者の方はそもそもブラックホールの合体が電磁波で光るの？　と疑問に思われるかと思います。なぜ私たちがこの電磁波観測を行ったかの裏話は、本章末のコラムをご覧ください）。

最後に、初の重力波観測がもたらしたインパクトをまとめておきます。

まずは何より、一般相対性理論によって予想された重力波の存在がもっとも直接的な形で確認されたことです。アインシュタイン自身が難しいと考えていた重力波の直接観測が、一般相対性理論の完成から100年の歳月を経てついに実現したのです。これは物理学における念願が叶った瞬間ともいえます。この偉業に対して、レイナー・ワイス氏、バリー・バリッシュ氏、キッ

プ・ソーン氏に2017年のノーベル物理学賞が贈られました。

さらに、宇宙にブラックホール同士の連星が存在し、合体することが分かったのは初めてのことです。そのような天体は電磁波を放たないため、私たちは今まで全く気づくことができなかったのです。

天文学者として驚きだったのは、観測されたブラックホールの質量です。これまで、X線の観測などで推定されていたブラックホールの質量は、太陽の10倍程度でした。重力波の観測によって、太陽の30倍程度の質量のブラックホールが宇宙に存在することが初めて明らかになったのです。

では、このようなブラックホールはどのようにしてできるのでしょうか？ これは恒星の進化や超新星爆発のメカニズムとも関連する天文学における非常に根本的な問題で、現在も様々な研究が行われています。2015年から2020年の5年間で、すでに50例以上のブラックホール合体からの重力波が観測されており、今後、宇宙におけるブラックホールの「国勢調査」が進むことが期待されています。

コラム

重力波初検出の裏側

「まえがき」に書いたように、私にとってのマルチメッセンジャー天文学が始まったのは、2015年9月16日のことでした。

日本時間14時40分、重力波観測装置LIGOのメンバーから一通のメールが届いたのです。そこには「2015年9月14日に重力波が観測された」と書かれており、重力波の到来方向を示した「地図」（口絵2）が添えられていました。

このメールを受け取ったとき、私はある研究会に参加していました。すぐさま隣にいた共同研究者と小声で「なんか怪しいけどやるしかないよねぇ」というような会話をしたのを覚えています。今思うとこれは歴史的瞬間だったのですが、とにかく「怪しかった」のです。

その理由は、そのときに送られてきたメールを読むと分かります。実際の文面はすでに公開されていますので、日本語に訳したものをコラムの末尾に掲載します。その内容をまとめると、

・このメールの2日前、9月14日に重力波が検出された。
・でもそれは正式な観測開始よりも前だった。
・データの較正も完璧ではない。

・それでも「練習」にもなるし、ぜひ電磁波でも観測してほしい。

というものでした。これでは全く歴史的な大発見の瞬間という感じがしませんよね？

さらに悪いことに、事前の取り決めにより、重力波観測装置と電磁波観測の全体をテストする

ため、「blind injection」という偽の重力波信号を人工的に（かつほとんどの研究者には知らせず

に）注入する可能性があることが合意されていました。つまり、このイベントは人工的なものか

もしれません。しかも、このメールには「練習」（exercise）という言葉まで登場します。この

状況では、このメールを信じる方が難しいのが分かっていただけると思います。

それでも、面白い可能性のあることにはチャレンジするという精神で、私を含む日本の研究グ

ループは重力波の探査観測を行うことにしました。

残念ながら重力波の到来方向は、主に南半球から観測できる領域で、かつ太陽にも近く、望遠

鏡が使える夜になるとすぐに沈んでしまう領域だったため、わずかな時間しか観測することがで

きませんでした。しかし、これが重力波と電磁波の初めてのマルチメッセンジャー観測となった

のでした。

さて、この重力波検出の速報には、一つ重要な情報が欠けていました。それは、観測されたの

がどのような重力波のシグナルだったのかということです。中性子星の合体の場合は、一般相対

性理論に従って重力波の波形を予想することができ、その波形から合体した天体の質量を推定することができます。一方で、速報のメールには「バースト解析」で解析されたということが書いてありました。これは超新星爆発からの重力波など、事前に波形が分からないときに使う手法です。そのため、もしや銀河系内で超新星爆発が起きたのでは？　という考えも頭をよぎりました。銀河系内で超新星が起きれば、肉眼で見えるほど明るく輝くはずです。このときは、念のため肉眼で空を確認しておこうという（今思い返すと冗談のようですが）話も飛び出すほどでした。

世界中の望遠鏡が重力波源の探査観測を進めるなか、2015年10月3日に新しい情報がもたらされました。それは、重力波を放った天体はブラックホール同士の合体らしい、ということです。2015年以前は、最初に観測される重力波は中性子星の合体からのものだろうと多くの研究者が考えていました。中性子星が合体すると電磁波で輝くことが予想されます。そのため、私たちも世界中の研究者も、重力波源の電磁波観測を実現しようとしていたのです。ブラックホールが合体すると……光さえ抜け出せない天体が合体しても、あまり光りそうにありませんよね？　私たちは光らない天体を探していたのかもしれないのです！

その後、2016年1月になってついに重力波データの詳細な解析結果がもたらされました。やはり重力波源の正体はブラックホールの合体で、LIGOとVirgoのチームが正式に論文

を書き始めているとのことです。ちなみに、私はこのあたりでやっと重力波検出の実感が湧いてきました。でも、まだ blind injection の可能性は捨て切れません。blind injection の場合でも、チーム全体が論文を書き切るまで、偽信号であることは明かされないことになっていたからです。今思うとなんとも意地悪な仕組みです。ちなみにこの取り決めは、その後撤廃されました。

もちろん、結果は先述した通りです。2015年9月14日に検出された重力波は、正真正銘本物のシグナルで、これが人類史上初めての重力波の直接観測でした。また、最初にテンプレートマッチで検出されなかったのは、合体したブラックホールが予想していたよりも重く（太陽質量の30倍程度）、事前にテンプレートが用意されていなかったためでした。様々な意味で、ブラックホール合体からの重力波検出は驚きの結果だったのです。

2016年2月11日、重力波の検出のニュースは正式に全世界に向けて公開されました。記者発表を行ったLIGOのデビッド・ライツェ氏の冒頭の言葉は、今聞いても鳥肌が立ちます。

"Ladies and gentlemen, we have detected gravitational waves. We did it."

9月16日・重力波検出を知らせるメール（日本語訳）

これは、https://gcn.gsfc.nasa.gov/other/GW150914.gcn3
からも読むことができます。

件名：LIGO/Virgo G184098：LIGO試験観測中のバースト候補

皆様

LIGOの第8期試験運転中に「バースト解析」[*1]で重力波源が同定されましたのでご連絡します。通常であればprivate GCN Circular[*2]で情報を送ることになっていましたが、まだLIGO/Virgo共同研究のGCN Circularは準備されていませんのでメールでお送りします。

これはLIGO/Virgo共同研究グループとしての報告です。LIGOハンフォード観測所、LIGOリビングストン観測所で取得されたデータのリアルタイム解析で、重力波イベント候補G184098がバースト解析によって同定されました。イベントの時刻は世界時2015-09-14 09:50:45（GPS時間1126259462.3910）です。試験観測中でしたので、この速報はリアルタイムでは送られませんでしたが、GCNを使ってお知らせします。G184098が誤警報である可能性[*3]は閾値の1ヵ月に1回よりも低く、興味深いイベントです。イベントの性質は以下のウェブページを参照してください。[*4]

以下、重要な注意事項です。

・このイベントは予定された第一期観測期間の前に検出されたものです。

・検出器は、第一期観測期間の開始時に予定していた状態ではありませんでした。

・データの較正も完全ではありません。

特に、天体の位置情報は大きな不定性があることが予想されます。

とはいえ、このイベントは電磁波の追観測の練習をするのに重要な機会だと思われます。ですので、上のリンクの情報を最大限ご活用ください。

今のところ、2つのスカイマップ[*5]が利用できます。バースト解析からの即時位置決定と、より精密な解析による位置決定です。両者の推定は定性的にはよく一致しています。50%の確率で重力波源が存在する領域は200平方度、90%の確率では750平方度です。より詳細な解析ができ次第、随時お知らせ致します。

*** 注意 *** このメッセージはLIGO、Virgoと共同研究の取り決めを結んだグループにだけお送りしています。このイベント自体に関して、また関連するLIGO/Virgoのデータは機密扱いとしてください。

観測者の皆さんが何を見つけるか、そしてLIGOとVirgoによる新しい時代を楽しみにしています。

訳注
(*1) 超新星爆発など重力波の波形が事前に分からない天体の探査方法。中性子星合体のような現象は事前に重力波の波形が予想できるため、テンプレートを用意して探査を行う。

(*2) Gamma-ray Coordinates Networkの略で、ガンマ線バーストの即時追観測の情報共有のために作られたメーリングリスト。重力波の情報は共同研究の取り決めを結んだグループにだけGCNで送られることになっていた。

(*3) 本当のシグナルが来ていないときに、どれぐらいの期間観測すると偶然そのような誤警報を出してしまうかの指標。誤警報確率が1ヵ月に1回というのは、ノイズを見ていても1ヵ月に1回は偶然このようなシグナルが出てしまう、という意味。

(*4) すでにページは存在しないので削除しました。

(*5) 重力波の到来方向を表した「地図」。口絵2を参照。

4部

マルチメッセンジャー天文学

9章 ── 超新星爆発の マルチメッセンジャー観測

これまで電磁波による天文学、そして新しく可能になったニュートリノと重力波による天文学を紹介してきました。

本章からはついにそれらを融合した「マルチメッセンジャー天文学」の実例を見ていきます。超新星爆発のマルチメッセンジャー観測は1987年に実現しました。超新星のマルチメッセンジャー観測から何が分かったのか、そしてその後の超新星爆発の研究の発展について解説します。

ここでは、世界の様々な場所で行われた観測を紹介しますので、特に示さない場合は時刻は世界時（日本時間は世界時+9時間）を表します。

9-1 超新星SN 1987Aの観測

超新星SN 1987Aは、チリのラスカンパナス観測所でイアン・シェルトン氏によって最初に発見されました。彼が大マゼラン雲の観測のために画像の露光（シャッターを開けて光を入れ続けること）を始めたのは、1987年2月24日1時30分頃（チリ時間2月23日20時30分）のことです。当時は、可視光画像の撮影には写真乾板が使われていました。感度の良い天文画像の取得には長時間の露光が必要となるため、この夜シェルトンも3時間にわたって観測を続けました。そして、観測終了後にその画像を現像したところ、大マゼラン雲に5等級ほどの明るい天体が新しく現れていることに気づいたのです。2月24日5時30分（チリ時間2時30分）頃のことです。これが超新星SN 1987Aのストーリーの始まりです。

大マゼラン雲は、銀河系に付随する銀河で、その距離は15万光年ほどです。銀河系の差し渡しが10万光年ぐらいですので、大マゼラン雲は広い宇宙の中では銀河系の「すぐ隣」にある銀河です。それまで超新星が観測されていたのは、1000万光年以上離れた銀河がほとんどでしたので、これは詳細な観測を行うチャンスです。実際に、SN 1987Aは、もっとも明るいときには2等級に達し（図9−1）、肉眼でも確認できたほどです。肉眼で見えるほどの超新星が観測されたのは、1604年にヨハネス・ケプラーが観測した銀河系内の「ケプラーの超新星」以来ですので、383年ぶりの大ニュースでした。

SN 1987Aの発見は直ちに世界中に報告され、世界中で追観測が行われました。

分光観測の結果からは、スペクトルに水素が見られることが確認され、Ⅱ型超新星と分類されました。4章で紹介した通り、Ⅱ型超新星は水素をもった大質量の星が爆発する重力崩壊型超新星の一つです（図4-12）。

また、2月24日付近の大マゼラン雲の観測の履歴も詳しく調べられました。その結果、2月23日9時20分頃にニュージーランドで撮影された画像には7・5等級より明るい天体は写っていなかったこと、2月23日10時40分頃にオーストラリアで撮影された画像には6等級の超新星が写っていたことが判明しました。つまり、超新星が明るく輝き出したのはこの約1時間20分の間ということです。これらの画像は、超新星の発見が報告される前に観測されていたものですので、多くの研究者が大マゼラン雲の画像を取得していたことによる偶然の産物でした。

超新星発見のニュースは、日本のニュートリノ検出器カミオカンデの研究グループにももたらされました。7章で紹介した通り、重力崩壊型超新星は大量のニュートリノを放出すること

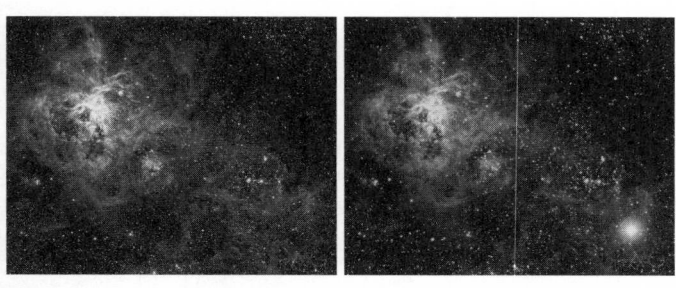

図9-1　SN 1987Aの画像（左）爆発前、（右）爆発後
(David Malin/Australian Astronomical Observatory)

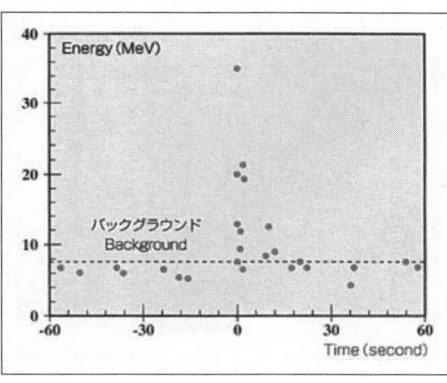

図9-2　SN 1987Aのニュートリノシグナル
（東京大学宇宙線研究所 神岡宇宙素粒子研究施設）

が期待されている現象です。そこで、2月23〜24日付近のカミオカンデのデータが調べられました。その結果、2月23日7時35分（日本時間 同日 16時35分）にSN 1987Aからのニュートリノシグナルが、約10秒間にわたって記録されていることが分かりました（図9-2）。超新星爆発のマルチメッセンジャー観測が実現していたのです。

カミオカンデではSN 1987Aから来たと考えられるニュートリノが11イベント観測されました。図9-2の下の方にあるバックグラウンドと書かれたレベルにある点は、超新星とは関係ないシグナルです。観測の「ノイズ」といっても良いでしょう。もしこのバックグラウンドがもっと高かったら、超新星からのニュートリノは埋もれてしまい観測できなかったはずです。実はこのとき、カミオカンデでは太陽ニュートリノの観測のために、ちょうどバックグラウンドの低減に取り組んでおり、1987年初頭から本格的な観測が行われていました。そんな中、観測開始直後の2月に超新星からのニュートリノの観測に成功したのです。より良い実

験を実現しようという研究者たちの情熱が、このマルチメッセンジャー観測を成功させたといえます。

ちなみに、カミオカンデの研究グループにSN 1987Aの発見の速報が入ったのは、2月25日のことでした。それを受けて、2月27日には神岡から東京にデータが届けられ、翌日の28日には研究グループがニュートリノの検出を確認していました（『カミオカンデとニュートリノ』鈴木厚人監修、丸善出版）。さらに、なんと1週間後の3月7日には論文が発表されています。当時、情報のやり取りにはテレックスやファックスが用いられ、データをやり取りするには郵送しかありません。そんな中、凄まじいスピードでこの研究が行われたことが分かります。ここにも研究者たちの情熱を感じますね。

カミオカンデの発表の後、同じ時間のデータを解析することによって、アメリカのIMB実験、ロシアのBaksan実験でもニュートリノの観測が報告されました。観測されたニュートリノイベントはそれぞれ8イベントと5イベントです。カミオカンデと合わせた、この合計24イベントのニュートリノは、超新星爆発の理解を飛躍的に進めることになりました。

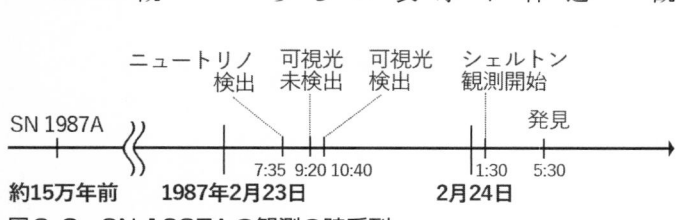

図9-3　SN 1987Aの観測の時系列

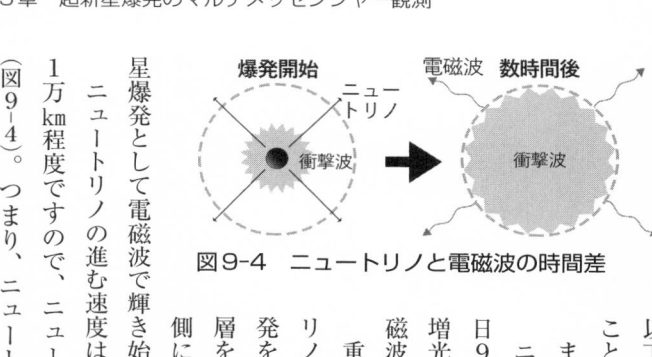

図9-4　ニュートリノと電磁波の時間差

以下では、SN 1987Aのマルチメッセンジャー観測から分かったことをまとめていきます。

まずはじめに、観測の時系列をまとめておきましょう（図9-3）。

ニュートリノが届いたのは2月23日7時35分のことです。一方で、同日9時20分には超新星はまだ明るく輝いておらず、はっきりと超新星の増光が分かったのは10時40分のことです。つまり、ニュートリノは、電磁波よりも早くやってきたのです。

重力崩壊型超新星では、重力によって潰れた星の中心部からニュートリノが放出されます。その一部が星の内側で吸収されることで、星は爆発を始めると考えられています。このとき、大部分のニュートリノは外層をすり抜けて星から逃げていきます。一方、爆発の衝撃は星の中を外側に伝わっていき（衝撃波といいます）、星の表面まで到達すると超新

星爆発として電磁波で輝き始めます。

ニュートリノの進む速度はほぼ光速度（秒速30万km）なのに対し、衝撃波の伝わる速さは秒速1万km程度ですので、ニュートリノの方が先に私たちのところに到達することが予想されます（図9-4）。つまり、ニュートリノが電磁波よりも先に届くことは、超新星爆発のメカニズムを

考えると非常に自然なことなのです。

しかし、実際に観測された時間差は「自然」ではありませんでした。

II型超新星は水素層をもった大質量星が、進化の最後に赤色超巨星となって爆発する現象でした。赤色超巨星はオリオン座のベテルギウスのような星です。赤色超巨星の半径は秒速1万km（$v = 10^4$km/$s = 10^7$m/s）で伝わるので、表面に到達するには $t = R \div v = 7 \times 10^4$ 秒、つまり1日程度かかるはずです。しかし、SN 1987Aの場合は、ニュートリノの検出から数時間後には超新星が光り始めています。これはなぜでしょうか？

大マゼラン雲は銀河系のすぐ隣ですので、SN 1987Aが発見される前から数多くの観測がなされていました。距離も十分に近いため、一つ一つの星を分解して観測することができます。実際に、爆発前に撮られていた画像には、SN 1987Aの場所に1つの星（Sanduleak-69 202）が写っていました。そして、この星は赤色超巨星ではなく、それよりも半径がずっと小さい青色超巨星と呼ばれる天体だったのです。

星は同じ明るさであれば半径が大きいほど温度が下がるため、より赤く見えるようになります。「Sanduleak-69 202」はベテルギウスほど赤くなく、そこから半径が太陽の50倍程度しかないということが分かりました。

これを踏まえてもう一度時間差を計算してみましょう。

「Sanduleak-69 202」の半径 $R = 50 \times 7 \times 10^8\,\mathrm{m} = 3.5 \times 10^{10}\,\mathrm{m}$ を衝撃波の速度（$v = 10^7\,\mathrm{m/s}$）で割ると、$t = R \div v = 3.5 \times 10^{10} \div 10^7 = 3.5 \times 10^3$ 秒、つまり1時間程度であることが分かります。これは、実際に観測された時間差と大まかに一致しています。つまり、SN 1987Aのニュートリノと電磁波の観測はどちらも、超新星SN 1987Aを引き起こした星は青色超巨星であることを示しているのです。

ちなみに、ニュートリノの速度を表すのに「ほぼ光速度」と書いたのは、7章で紹介したニュートリノ振動と関係しています。ニュートリノの種類が振動するということは、ニュートリノには質量があることを意味しています。質量がある粒子の速度は厳密には光速度にはなりません。

ただし、ニュートリノの質量は軽いため、極めて光速度に近いことは間違いありません。

面白いことに、SN 1987Aのマルチメッセンジャー観測はニュートリノの速度に関しても重要な情報をもたらしました。大マゼラン雲は私たちから約15万光年離れています。つまり、超新星を出発したニュートリノと電磁波は15万年の長い旅をして届いたものです。例えば、もしニュートリノと電磁波の速度が1%異なるだけでも、その到達時間は1500年もずれてしまいます。つまり、超新星のマルチメッセンジャー観測は、ニュートリノの速度を検証するための15万年にも及ぶ（！）素晴らしい実験になっているのです。実際に、15万年前にほぼ一緒にスター

トした両者が同じ日に地球に届いたという事実から、ニュートリノの速度と電磁波の速度（光速度）は9桁程度の精度で一致していることが分かっています。

次に、カミオカンデで観測されたニュートリノイベントの数から何が分かるかを見ていきましょう。ここでのゴールは、SN 1987Aがニュートリノイベントとして放った全部のエネルギーを勘定することです。計算が苦手な方は読み飛ばしても大丈夫ですが、かけ算だけで理解できますのでぜひ挑戦してみてください。

カミオカンデは、当時、有効体積2000トンの超純水を用いてニュートリノの検出を行っていました。ニュートリノが純水に突入した時に反応が起きる確率は分かっていますので、11個のニュートリノイベントが検出されたことから、どれだけのニュートリノが地球に降り注いだかを逆算することができます。

その結果、SN 1987Aからは1平方㎝あたり 10^{10} 個（100億個）ものニュートリノがやってきたことが分かりました。これは1秒間に太陽から届くニュートリノの量に匹敵する量です。SN 1987A（距離15万光年＝1.5×10^{21} m）は、太陽（距離1億5000万km＝1.5×10^{11} m）よりも 10^{10} 倍（100億倍）も遠くにある天体ですので、これは驚くべきことです。

地球に届いたニュートリノの量が分かったので、次にSN 1987Aが合計でいくつのニュートリノを放ったかを考えてみましょう（図9-5）。

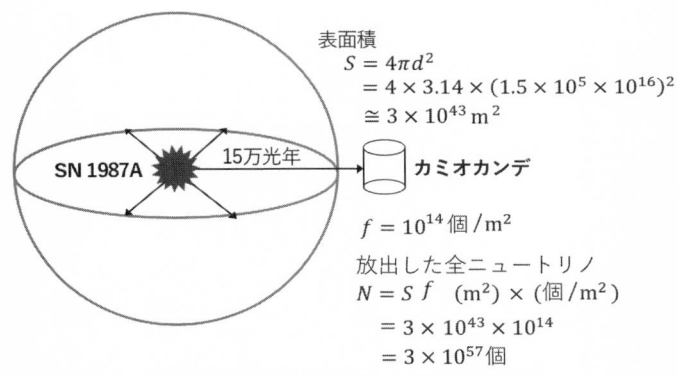

表面積
$$S = 4\pi d^2$$
$$= 4 \times 3.14 \times (1.5 \times 10^5 \times 10^{16})^2$$
$$\cong 3 \times 10^{43} \, m^2$$

15万光年

SN 1987A

カミオカンデ

$$f = 10^{14} \, 個/m^2$$

放出した全ニュートリノ
$$N = S \, f \quad (m^2) \times (個/m^2)$$
$$= 3 \times 10^{43} \times 10^{14}$$
$$= 3 \times 10^{57} 個$$

図9-5　SN 1987Aが放ったニュートリノの個数

超新星からはニュートリノが四方八方に放射されます。そのため、地球の位置で面積あたりに届いたニュートリノの量（$1cm^2$あたりニュートリノが10^{10}個、$1 m^2$あたりでは10^{14}個）に、半径15万光年の球の表面積をかければ超新星が放ったニュートリノの総量を数えることができます。半径15万光年の球の表面積は$3 \times 10^{43} m^2$程度ですので、SN 1987Aは（$10^{14} \times 3 \times 10^{43} =$）$3 \times 10^{57}$個ものニュートリノを放ったことが分かります。

超新星が放ったニュートリノの総数が分かれば、そのエネルギーも計算することができます（図9-6）。カミオカンデで観測されたニュートリノは、1つあたり約1000万電子ボルト（10^7電子ボルト×10^{-19}ジュール＝10^{-12}ジュール）のエネルギーをもっています。ここから、ニュートリノのエネルギーの合計は（$3 \times 10^{57} \times 10^{-12}$ジュール＝）$3 \times 10^{45}$ジュールとなります。

ここで、7章の内容を思い出してください。ニュートリノには全部で6つの種類があるのでした。超新星爆発からは星の中心部が超高温になることでニュートリノが放出されるため、6種類全てのニュートリノが放出されているはずです。一方で、カミオカンデで検出されるのは主に反電子ニュートリノです。

つまり、カミオカンデで観測されたよりもさらに6倍のニュートリノが超新星から放出されているはずです。このことを加味すると、SN 1987Aがニュートリノとして放出した全エネルギーは、およそ（6×3×10⁴⁵ジュール＝）2×10⁴⁶ジュールであったことが分かります。

少し大変な計算が続いてしまいましたが、重要な結論は「SN 1987Aのニュートリノ観測によって、10⁴⁶ジュール程度のエネルギーがニュートリノとして放射されていることが分かった」ことです。

4章で紹介した通り、重力崩壊型超新星では、星の中心部が中性子星に潰れることによって約10⁴⁶ジュールもの重力エネル

反電子ニュートリノのエネルギー

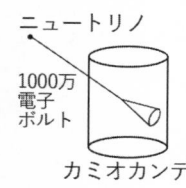

$$E_{\overline{v_e}} = N\,E_1 \quad \longleftarrow \text{ニュートリノ1つのエネルギー}$$
$$\cong 3 \times 10^{57} \times 10^{-12} \quad \longleftarrow \text{1000万電子ボルト}$$
$$\quad\quad\quad (個) \quad\quad\quad (J/個)$$
$$\cong 3 \times 10^{45}\ \text{J}$$

ニュートリノの全エネルギー

$$E = E_{\overline{v_e}} \times 6 \quad \longleftarrow \text{6種類のニュートリノ}$$
$$\cong 3 \times 10^{45} \times 6 \cong 2 \times 10^{46}\ \text{J}$$

図9-6 SN 1987Aが放ったニュートリノの総エネルギー

ギーが解放されると考えられていました（図4-8）。つまり、SN 1987Aで観測されたニュートリノのエネルギーは、まさにこの重力エネルギーの値とほぼ一致しているのです！ これによって、大質量星の重力崩壊によって膨大なエネルギーが解放され、そのほとんどがニュートリノによって放射されることが初めて直接検証されたのです。このように、SN 1987Aではニュートリノと電磁波のマルチメッセンジャー観測が実現し、電磁波だけでは得ることができなかった多くの情報が得られました。今でもこの観測結果が超新星爆発のメカニズムを理解するための礎になっています。

9-2 超新星SN 1987Aのその後

超新星SN 1987Aは、現代天文学の歴史においてもっとも地球の近くで起きた超新星です。1987年の発見以降、天文学の観測技術は飛躍的な進歩を遂げており、SN 1987Aは常に最新の望遠鏡で観測されてきました。

この節では、天文学の発展とともにSN 1987Aのその後を紹介したいと思います。

まず、1987年の8月頃、SN 1987Aからのガンマ線が観測されました。ガンマ線は

地球の大気に遮られるため、人工衛星や地表高くにあげられたバルーンからの観測が必要です。

実は、このガンマ線のシグナルは、研究者たちが待ちに待ったものでした。4章で紹介した通り、超新星爆発はニッケル56の放射性崩壊エネルギーによって明るく輝くと考えられています。もしそれが正しいとすると、原子核が放射性崩壊エネルギーを起こしたときに最初に出てくるガンマ線が超新星の放出物質から抜けてくるはずなのです。つまり、ガンマ線が観測されたことは、超新星爆発がニッケル56の放射性崩壊で輝いていることの確たる証拠となったのです。

放射性崩壊で発生したガンマ線は、超新星の放出物質中でエネルギーを失うため、超新星はX線でも輝くことが期待されます。このX線も1987年8月に、日本のX線天文衛星「ぎんが」によって観測されました。ちなみに、この「ぎんが」が打ち上げられたのは1987年2月5日のことです。打ち上げから18日後に383年ぶりの肉眼で見える超新星が現れて、X線の観測が実現したのはまさに奇跡的なことです。

SN 1987Aの発見から3年後の1990年には、有名なハッブル宇宙望遠鏡が打ち上げられまし

図9-7 SN 1987Aの可視光画像
(NASA, ESA, and R. Kirshner (Harvard-Smithsonian Center for Astrophysics))

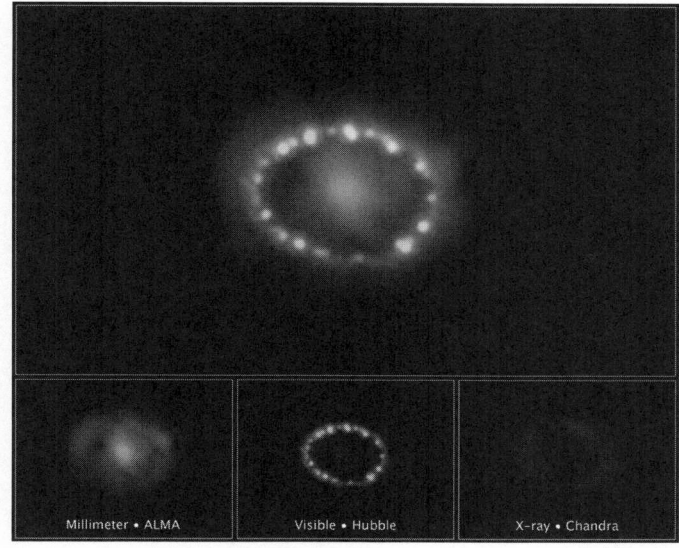

図9-8　SN 1987Aの多波長画像
(NASA, ESA, and A. Angelich (NRAO/AUI/NSF)
Hubble data: NASA, ESA, and R. Kirshner (Harvard-Smithsonian Center for Astrophysics and Gordon and Betty Moore Foundation)
Chandra data: NASA/CXC/Penn State/K. Frank et al.
ALMA data: ALMA (ESO/NAOJ/NRAO) and R. Indebetouw (NRAO/AUI/NSF))

た。図9-7はハッブル望遠鏡が捉えたSN 1987Aの姿です。ハッブル望遠鏡は宇宙からの観測によって非常にシャープな（高解像度の）画像を得ることができ、数々の美しい宇宙の写真を私たちに届けてくれています。SN 1987Aの高解像度の画像を見ると、中心部に超新星があり、その周りに明るいリングが1つ、またその上下に大きくて淡いリングが2つあることが分か

ります。このリングの正体はSN 1987Aの親星である「Sanduleak-69 202」が爆発する前に放出した物質だと考えられていますが、なぜこのような形になっているのかはまだ議論が続いています。

1999年には、X線観測で史上最高の解像度を誇るチャンドラ衛星が打ち上げられました。図9-8の右下は、チャンドラ衛星によって撮られたSN 1987AのX線画像です。ここでもSN 1987Aのリングが鮮明に捉えられています。一方で、X線では超新星の放出物質はほとんど見えていません。このことから、超新星からの放出物質がリングに衝突したことでリングの温度が高くなり、その部分からX線が強く放射されているということが分かります。

最後は電波の観測です。図9-8の左下は2011年に稼働したALMA望遠鏡で撮影されたSN 1987Aの画像です。X線の画像とは異なり、ALMA望遠鏡の画像ではリングよりも超新星本体の方が明るく見えているのが分かります。これは超新星の放出物質中で、分子や塵が合成されており、それらが電波を放射しているためです。この観測によって、超新星爆発が宇宙空間に大量の塵を供給しているということが明らかになりました。

1987年の発見から30年以上が経ち、現在超新星SN 1987Aは超新星から超新星残骸へと進化を続けています。その間、天文学の観測技術は絶えず向上し、SN 1987Aは常により良い観測の対象となってきました。あたかもSN 1987Aが現代天文学の発展を見守り

192

続けているかのようです。図9-8の上側はハッブル望遠鏡（可視光）、チャンドラ衛星（X線）、ALMA望遠鏡（電波）の画像を合成したもので、現時点での天文観測オールスターが揃った画像です。この画像が10年後、20年後にどのようになるのか、読者の皆さんもぜひ楽しみにしていてください。

9・3　超新星爆発研究の最前線

超新星SN 1987Aからのニュートリノが観測されたことで、大質量星が重力崩壊を起こし、解放された重力エネルギーがニュートリノとして放出されるという超新星爆発のメカニズムの大枠が確認されました。

では、これで超新星爆発のメカニズムは分かったといって良いのでしょうか？　実はこれはとても難しい質問です。天文学では、研究の対象、例えば他の星や超新星爆発に行ってその詳細を調べてくることはできません。また、地球上で実験を行うこともできません。実験室でフラスコを振って星を作ることができれば良いのですが、残念ながら宇宙の天体のスケールを実験室で再現することはできません。これは地球を超えたスケールを扱う天文学特有の難しさだといえます。

では、天文学ではいつ「分かった」ということができるのでしょうか？

それには、宇宙からのシグナルを受け取る「観測」を積み重ねるのと同時に、天体で起きている物理現象の大枠を理解する「理論」を構築する必要があります。観測によって理論の大枠が考えられ、その理論が観測事実を自然に説明できることが必要です。さらに理論に基づいてまだ観測されていない現象を予想し、それを実際の観測によって検証し……というサイクルを積み重ねていくのです。これらの相互検証に長年耐えることで、その理解が徐々に常識として定着していきます。ですので、「分かった」という瞬間はそれほど明確ではなく、時間をかけて検証していくものだといえるでしょう。

このプロセスの中で重要な役割を果たすのが、コンピュータシミュレーションです。コンピュータシミュレーションとは、私たちが知っている物理学の法則に基づいて、コンピュータの中で研究の対象を再現することです。天文学では実際の現象を作り出すことができないため、コンピュータシミュレーションが「実験」の役割を果たしているともいえます。理論に基づいてシミュレーションを行い、それが観測されている事実を説明できていることが「分かった」ことの重要な条件の一つです。さらに、シミュレーションによってまだ観測されていない現象や特徴が予想され、それが観測によって検証されればさらに理解が進んだといえるでしょう。

実際、超新星爆発の研究でも長年にわたってコンピュータシミュレーションが行われてきまし

た（図9-9）。シミュレーションの結果、重い星は確かに重力崩壊を起こし、中心に中性子星ができて外側が跳ね返り、大量のニュートリノが放出されることが確認されています。ここまではSN1987Aのニュートリノ観測でも検証されており、おそらくこれと同様のことが宇宙で起きていると考えられます。比較的「分かった」といえる部分でしょう。

しかし、問題はここからです。そのまま超新星爆発のシミュレーションを続けても、電磁波で観測されているほどの規模の超新星が起きてくれないのです。

電磁波の観測からは、爆発する物質の運動エネルギーは10^{44}ジュール程度であることが知られています。これはニュートリノで放出されるエネルギー（10^{46}ジュール）の1%程度です。一方で、現在のシミュレーションでは観測されている超新星に比べて10倍程度弱い爆発（10^{43}ジュール）しか起きないのです。シミュレーションで再現できない限り、私たちは超新星爆発のメカニズムを完全に解明したとはいえません。

では、私たちは超新星爆発の何を理解して

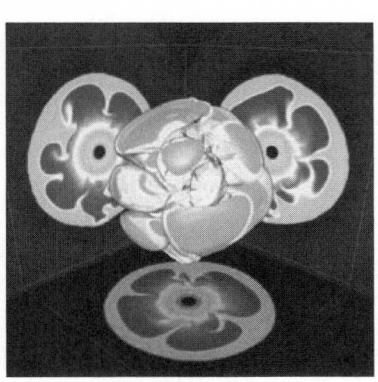

図9-9　超新星爆発の数値シミュレーション
爆発する星の中心部。熱い部分を濃い色で表している。左右と下には断面図が示されている。（滝脇知也氏提供・国立天文台）

いないのでしょうか？

　残念ながらそれはまだ誰も知りません（もし明確に何がいけないのかが分かっていれば、すでに解決されているはずです！）。これを解明するために、現在も世界中で詳細なシミュレーションが行われています。ここでSN 1987Aのマルチメッセンジャー観測の重要性を再度強調しておきたいと思います。もしSN 1987Aからのニュートリノ観測がなければ、私たちは10[46]ジュールというエネルギーにも、爆発のメカニズムにニュートリノが関与していることにも確信をもつことができなかったはずです。その点で、SN 1987Aのマルチメッセンジャー観測は私たちが進むべき道を指し示してくれたといえます。

　今のところ、SN 1987Aはマルチメッセンジャー観測が実現した最初で最後の超新星です。一つの銀河で超新星爆発が起きるのは50〜100年に1回程度です。今後数十年の間に、次のマルチメッセンジャー観測が実現する可能性は十分にあるでしょう。現在は重力波望遠鏡も稼働しているため、次に銀河系内で超新星が起きれば、超新星爆発のメカニズムに関してさらに多くの情報が得られることが期待されます。　銀河系内超新星のマルチメッセンジャー観測への期待は12章で紹介します。

10章 — 中性子星合体の マルチメッセンジャー観測

ニュートリノと電磁波のマルチメッセンジャー観測に続いて、本章では重力波と電磁波のマルチメッセンジャー観測を紹介します。

重力波と電磁波のマルチメッセンジャー観測が初めて実現したのは、初めて重力波が観測された2年後の2017年のことでした。中性子星の合体から重力波が検出されたことを皮切りに、あらゆる波長における電磁波の観測が行われました。

本章では中性子星合体のマルチメッセンジャー天文学がどのように行われ、そこから何が分かったかを紹介します。

10-1 中性子星合体GW170817の観測

2017年8月17日（世界時12時41分）、重力波望遠鏡LIGOとVirgoによって中性子

星合体からの重力波が検出されました。この重力波イベントは観測された日付をとってGW17

0817と呼ばれています。

図10-1はGW170817の実際の重力波シグナルです。といっても、最初の重力波検出の例（GW150914・図8-13）のように「波」には見えません。この図は、縦軸に波の振幅ではなく、波の周波数を表示しています。色の明るい場所ほどその周波数成分の波が強いという意味で、図を注意深く見ると、時間とともに周波数が高くなっている（明るい場所が右上に向かっている）ことが分かります。これは合体する2つの天体の距離が時間

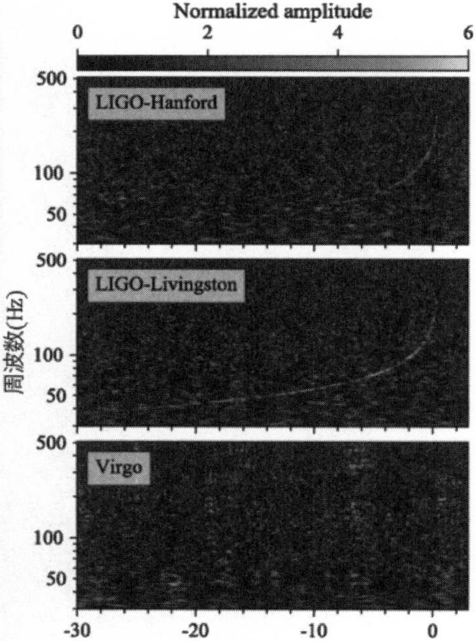

図10-1　GW170817の重力波シグナル
(LIGO Scientific Collaboration and Virgo Collaboration)

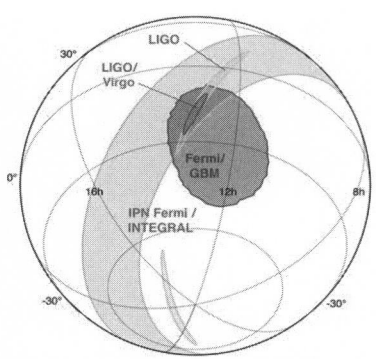

図10-2　GW 170817の到来方向
(Abbott, B. P., et al. 2017, The Astrophysical Journal Letters, 848, L12)

とともに接近することで、重力波の周波数が高くなることを表しています。図8−13で見たブラックホールの合体において、時間とともに波の間隔が狭くなっていたのと同じです。この周波数の変化の様子から、合体した天体が2つの中性子星であることが分かりました。重力波観測の大本命だった中性子星合体からの重力波がついに観測されたのです。

幸運なことに、2017年8月からヨーロッパの重力波望遠鏡Virgoが稼働しており、GW170817は合計3台の重力波望遠鏡によって観測されました。8章で説明した通り、地球上の複数の地点で重力波を観測することができれば、重力波がどこから来たかをより正確に知ることができます。その結果、GW170817の到来方向は約30平方度（満月150個分）で決定されました（図10−2）。LIGOの2台だけで観測された初めての重力波イベントGW150914の到来方向の決定精度（約600平方度＝満月3000個分）と比べると20倍も改善したことになります。

重力波の検出を皮切りに、この中性子星合体に対して様々な波長の電磁波観測が行われました。

まず、重力波シグナルがピークに達した時間の1.7秒後に、フェルミ衛星とインテグラル衛星によってガンマ線が観測されました。

ガンマ線の観測では常に非常に広大な領域を観測できるため、これらの衛星は重力波の情報とは関係なくガンマ線のシグナルを検出していたのです。しかし、その分「視力」はそれほど良くなく、天体がどこにいるのかを正確に決めることはできません。それでもガンマ線の到来方向は重力波の到来方向と大まかには一致していました（図10-2）。もちろんこの推定領域の中には大量の天体がいるので、方向が大まかに一致しているだけでは重力波を放った天体がガンマ線を放ったとは言い切れません。しかし、広い宇宙の中で、わずか1.7秒の短時間の間に重力波とガンマ線が全く違う天体から偶然やってくる確率は非常に低いため、このガンマ線は重力波を放った天体から来ていると考えるのがもっとも自然です。

その後、世界中の望遠鏡で重力波の到来方向の探査が行われた結果、地球から約1億3000万光年先にある銀河

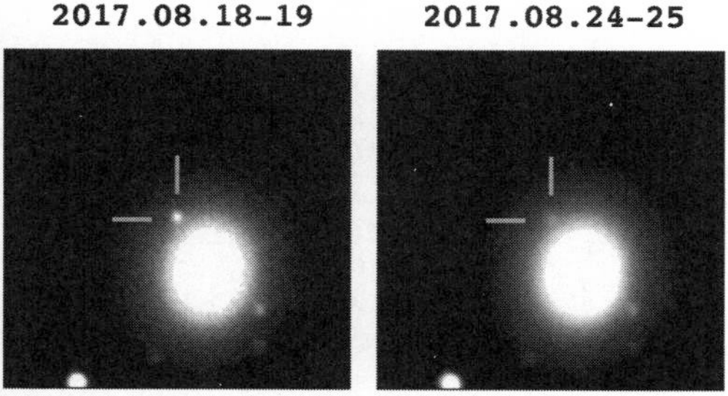

2017.08.18-19　　**2017.08.24-25**

図10-3　GW170817の可視光・赤外線
　　　　　対応天体
カラーは口絵3を参照。（国立天文台/名古屋大学）

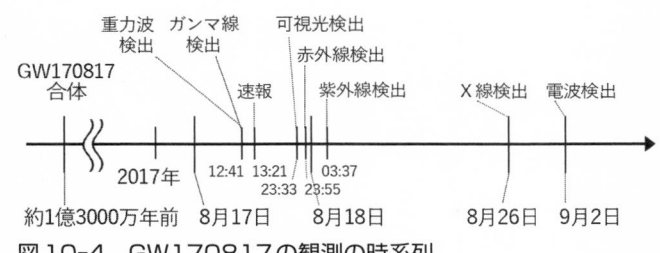

重力波　ガンマ線
検出　　検出
GW170817
合体
速報

可視光検出
赤外線検出
紫外線検出

X線検出　電波検出

2017年

12:41　13:21
　　　23:33　23:55
　　　　　03:37

約1億3000万年前　　8月17日　　8月18日　　　　　8月26日　9月2日

図10-4　GW170817の観測の時系列

NGC4993で、今までいなかった天体が発見されました（図10－3）。8月17日23時30分頃、重力波検出から約11時間後のことです。最初の観測は可視光で行われましたが、同日中には赤外線で、次の日には紫外線でも同じ天体が現れていることが確認されました。重力波の到来方向の推定領域内をくまなく探しても、これ以外に新しい天体はいなかったため、この天体が重力波を放った天体であることに間違いはありません。人類は重力波を放った天体の「写真」を撮ることに初めて成功したのです。

中性子星合体の場所がはっきりと分かったので、その後はあらゆる波長の電磁波でこの天体の観測が続けられました。重力波検出から9日後（8月26日）にはX線が、16日後（9月2日）には電波も観測され、重力波とあらゆる波長の電磁波によるマルチメッセンジャー観測が実現しました（図10－4）。

最終的に、この観測には世界中の70以上の望遠鏡、人工衛星が参加し、歴史的な大イベントとなりました。この観測の詳細（と裏側）は、本章のコラムをご覧ください。

重力波と電磁波のマルチメッセンジャー観測が中性子星合体の理解に何をもたらしたかを説明する前に、より基本的な物理学へのインパクトを二つ紹介します。

一つめは重力波の速度です。重力波の存在を予言した一般相対性理論では、重力波は光（電磁波）と同じ速度で進むことが予想されていますが、これまで直接の検証はなされていませんでした。GW170817からは重力波と電磁波が両方観測されているので、9章で紹介したニュートリノの速度と全く同じ手法を用いて、重力波の進む速度を検証することができます。先ほど紹介した通り、GW170817では重力波とガンマ線がわずか1・7秒の時間差で届いています。この天体までの距離は1億3000万光年ですので、1億3000万年のレースの結果、光と重力波がほぼ「同着」したといえます（時間のズレはガンマ線が出るまでに少し時間がかかるためだと考えられます）。このことから、重力波の速度が光の速度と15桁（！）の精度で一致していることが確認されました。一般相対性理論の予言はこれほど正しかったのです。しかし、一般相対性理論がどこまで正しいのかはまだ分かりませんので、今後もさらなる検証が続けられるでしょう。

もう一つは、私たちの宇宙の膨張率です。重力波と宇宙の膨張は一見関係なさそうですが、実は、重力波は宇宙の膨張率を測るもっとも正確な手段の一つなのです。現在、私たちの宇宙は膨張していることが知られています。遠い銀河の方が速い速度で私たちから遠ざかっており、これ

202

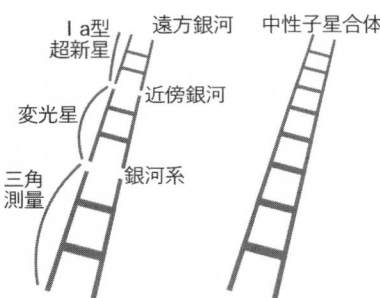

図10-5　重力波天体を使った　　　ハッブル定数の推定

は「ハッブル―ルメートルの法則」と呼ばれています。ここで、どれぐらいの距離の天体がどれぐらいの速度で遠ざかっているかを与える関係式の係数は「ハッブル定数」と呼ばれます。実はこのハッブル定数の数字は正確に決まっておらず、未だに論争が続いています。ハッブル定数を決めるのに重要なことは、天体の速度と距離を正確に決めることです。天体の速度はスペクトルを得ることでドップラー効果から正確に測ることができるのですが、天体までの距離は常に頭の痛い問題です。天文学では天体が手に届かないところにありますので、天体までの距離を求めるのは容易ではありません（2章コラムを参照）。

　現在、もっとも強力なハッブル定数の測定方法は4章に登場したIa型超新星です。Ia型超新星はどれも明るさがほとんど一緒であることが知られているため、見かけの明るさを調べれば天体がどれほど遠くにあるのかが分かります。ここで2章のコラムの図2bをもう一度思い出してください。宇宙で距離を決めるときには、様々な方法で「はしご」をかけていきます（「距離はしご」）。Ia型超新星ははしごの最高峰にいるわけですが、その距離の決定方法は下のはしごがなければ成り立ちません。言い換えると、

のはしごが揺れてしまうと（不正確だと）、Ia型超新星で測ったハッブル定数も影響を受けてしまいます。

ここで強力な方法として重力波が登場します。重力波の強さは一般相対性理論で正確に計算できますので、重力波の強さを観測することで天体までの距離を推定することができます。つまり、他の「はしご」に頼る必要が全くないのです。

さらに、マルチメッセンジャー観測で天体の位置を特定できれば、スペクトルから速度も測ることができますので、これだけでハッブル定数を求めることができます。実際に、GW1708 17のマルチメッセンジャー観測だけからハッブル定数が直接推定されました。まだこの一例だけですので、他の方法ほどの精度は得られていませんが、他の方法に全く頼っていないという意味では非常に重要です。今後、重力波天体のマルチメッセンジャー観測が進むことで、宇宙の膨張率も正確に求められることが期待されています。

ここからは中性子星合体のマルチメッセンジャー観測が天文学にもたらしたインパクトを紹介していきます。

まずは、ガンマ線バーストです。中性子星合体GW170817からの重力波シグナルの周波数がピークに達した1・7秒後、フェルミ衛星とインテグラル衛星によってガンマ線のシグナルが捉えられました（図10-6）。6章で紹介した通り、中性子星合体はショートガンマ線バースト

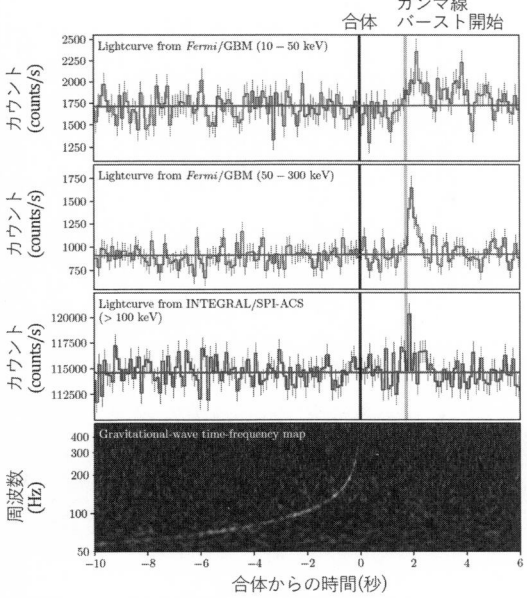

合体

ガンマ線
バースト開始

カウント
(counts/s)

2500
2250
2000
1750
1500
1250

Lightcurve from *Fermi*/GBM (10 – 50 keV)

カウント
(counts/s)

1750
1500
1250
1000
750

Lightcurve from *Fermi*/GBM (50 – 300 keV)

カウント
(counts/s)

120000
117500
115000
112500

Lightcurve from INTEGRAL/SPI-ACS
(> 100 keV)

周波数
(Hz)

400
300
200

100

50

Gravitational-wave time-frequency map

-10　-8　-6　-4　-2　0　2　4　6
合体からの時間(秒)

図10-6　GW170817のガンマ線シグナル
（LIGO Scientific Collaboration and Virgo
Collaboration）

の起源天体と考えられてきました。重力波のシグナルからは合体した天体が中性子星であることが分かっています。そして、GW170817に付随したガンマ線のシグナルは2秒程度で、まさにショートガンマ線バーストです。つまり、中性子星合体が確かにショートガンマ線バーストを引き起こしたのです。

しかし、このガンマ線バ

ーストはこれまで観測されていたものと全く同じではありませんでした。ガンマ線の明るさが、これまでのものよりも100倍以上も暗かったのです。普通のショートガンマ線バーストとは違う点がありました。それは「残光」です。さらにもう一つ、普通のショートガンマ線バーストは最初の強いガンマ線シグナルに続いて、すぐにX線などで残光が観測されます。一方でGW170817の場合は、X線の残光に続いて、すぐにX線などで残光が観測されたのは重力波検出から9日後のことでした。残光の性質もやはり普通のショートガンマ線バーストとは異なっていたのです。

ここで重要なのが、私たちがガンマ線バーストに対してどの角度にいるかです。ガンマ線バーストは非常に速度の速い、絞られたジェットによって引き起こされていると考えられています。このとき、強いガンマ線はジェットの方向に強く放射されるため、普段観測されるガンマ線バーストでは、私たちはジェットの真正面にいると考えられます（図10-7）。

一方で、重力波はジェットの方向以外にも放出されるため、GW170817の場合、私たちがジェットの真正面にいる必要は必ずしもありません。実際に、重力波シグナルの解析からは、私たちは軸の方向から30

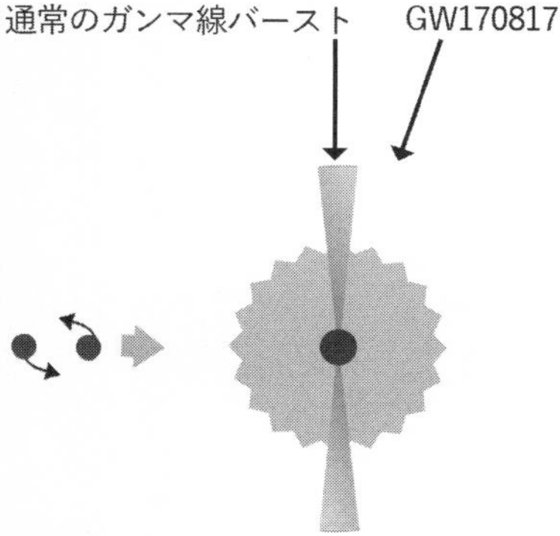

通常のガンマ線バースト　　GW170817

図10-7　ガンマ線バーストの
　　　　ジェットと観測者の角度

度程度以内にいることが推定されています。つまり、観測されたガンマ線が暗かった理由は、私たちがジェットを真正面から見なかったからと解釈することができます（図10-7）。この場合は、残光もすぐには引き起こされず、少し遅れてやってくることが期待されます。こう考えれば、GW170817は普通のショートガンマ線バーストだったといえます。

しかし、これはあくまでも解釈の一つで、私たちの方向からずれた方向に強いジェットがあったという証拠にはなりません。では、どうしたら強く、速いジェットがあったことを検証できるでしょうか？

その答えは意外と簡単です。図10-8のように、私たちの方向からずれた向きに速いジェットが出ていれば、そのジェットの場所は空の上を動くはずですので、これを捉えれば良いのです。とはいえ、GW170817までの距離は1億3000万光年も離れていますので、予想される見かけの動きは数ミリ秒角程度しかありません（1秒角が1度の3600分の1で、ミリ秒角はさらにその1000分の1）。原理は簡単ですが、このような高分解能の観測を実現するのは簡単ではありません。

時間とともに進む

見かけの場所が動く→

図10-8　ガンマ線バーストジェットの見かけの動き

ここで力を発揮するのが電波干渉計による観測です。3章で紹介した通り、電波観測では離れた場所にある望遠鏡で取られたデータを結合して巨大な望遠鏡を作ることで、非常にシャープな画像を得ることができます（超長基線電波干渉計、VLBI）。これはブラックホールの影の撮影に成功した手法でしたね。そこで、ジェットの存在を調べるために、実際にVLBIによるGW170817の観測が行われました。その結果、2017年10月（重力波検出から75日）によるGW170817の観測が行われました。その結果、2017年10月（重力波検出から75日）と2018年4月（重力波検出から230日）の2回の観測で、電波で輝いている場所が空の上を動いていることが発見されました（図10-9）。

つまり、私たちの方向を向いていなかった速いジェットが存在していたのです！

このように、重力波と電磁波のマルチメッセンジャー観測によって、中性子星合体が確かにガンマ線バーストを引き起こしていることが明らかになりました。広い領域を監視できるガンマ線の観測から始まり、超高解像度を実現する電波干渉計による観測まで、様々な波長の電磁波観測を1つの天体に対して総

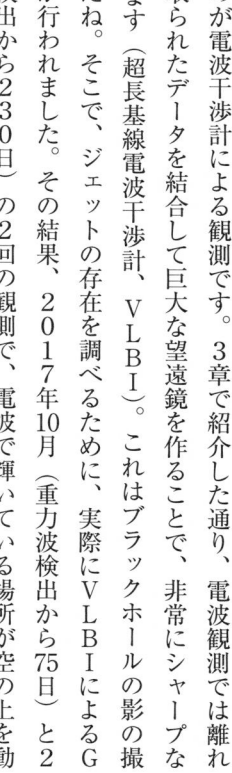

図10-9　電波干渉計の画像
(Mooley, K. P., et al. 2018, Nature, 561, 355-359)

動員することで、長年の仮説がついに検証されたのです。

10-3 キロノバ

中性子星合体GW170817観測は、中性子星合体による元素の合成にも新たな知見をもたらしました。合体から11時間後にGW170817からの可視光放射が発見されたあと、紫外線、赤外線でも放射が捉えられ、その後2週間程度にわたって詳細な観測が行われました。

ここで簡単に6章の復習をしておきましょう。中性子星が合体すると、その一部分が宇宙空間に飛び出します。飛び出す物質は中性子を大量に含んでいるため、速い中性子捕獲反応（rプロセス）が起き、金やプラチナ、ウランなどの重元素が新しく作り出されると考えられます。このような元素は放射性崩壊（ベータ崩壊）を起こしてエネルギーを発生

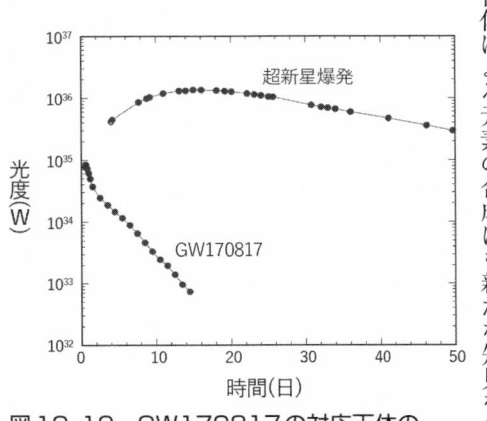

図10-10　GW170817の対応天体の明るさ変化（全光度）

させ、中性子星合体からの放出物質は可視光や赤外線で輝くことが期待されていました。これを「キロノバ」と呼びます。キロノバは超新星よりも暗い天体で、時間とともに早く暗くなり、可視光よりも赤外線で強く輝く天体であると予想されていました（図6-9）。

それでは実際の観測データを見てみましょう。

まず、超新星と比べて暗く、かつ速く暗くなっていることが分かります（図10-10）。さらに、可視光と赤外線に分けてみてみると（図10-11）、赤外線の方が強く長く輝いていることも分かります。つまり、GW170817に付随して発見された天体はまさにキロノバだったのです！このことから、中性子星合体が確かにrプロセス元素を作り出して宇宙空間に放出していることが確認されました。宇宙でrプロセスが起きている現場が押さえられたのはこれが初めてのことです。

では、中性子星合体は宇宙の重元素（rプロセス元素）の起源なのでしょうか？

ここで、私たちの銀河系の元素量に関する簡単

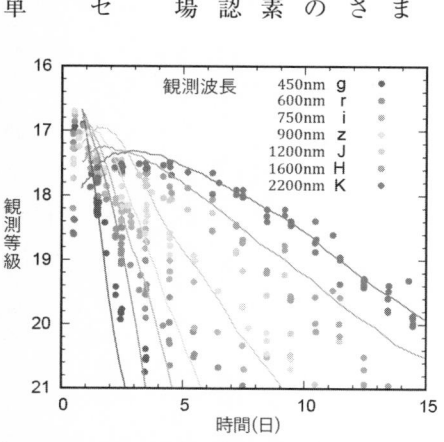

図10-11　GW170817の対応天体の明るさ変化（波長ごと）
カラーは口絵4を参照。

銀河系の重元素の量 $\cong$ 星の総質量 × 重元素の割合

$$\cong 6 \times 10^{10} \text{ 太陽質量} \times 10^{-7}$$

$$= 6 \times 10^3 \text{ 太陽質量}$$

中性子星合体が供給する重元素の量 $\cong$ 1回あたりの放出量
× 中性子星合体の頻度 × 銀河系の年齢

$$\cong 5 \times 10^{-2}\text{太陽質量}$$

$$\times \frac{1}{10^5} \text{ 回/年} \times 10^{10} \text{ 年}$$

$$= 5 \times 10^3 \text{ 太陽質量}$$

図10-12　中性子星合体が供給する重元素の量

な計算をしてみましょう（図10-12）。私たちの銀河系の星の総質量は6×10¹⁰太陽質量程度です。星の中に含まれるrプロセス元素の総量は、割合にして10⁻⁷程度ですので、私たちの銀河系の中には6×10³＝6000太陽質量程度のrプロセス元素が存在しているこ

とになります。

では、中性子星合体はこの量を供給できるでしょうか？

重力波と電磁波のマルチメッセンジャー天文学は、この問題を解くための鍵を与えてくれます。

まず、重力波の観測からは宇宙で中性子星合体が起きる頻度を推定することができます。GW170817の観測から、中性子星合体の頻度は1つの銀河あたり約10万年に1回ということが分かりました。これは、1つの銀河あたりにすると極めて低い頻度ですが、重力波望遠鏡は多くの銀河を監視しているため、中性子星合体の観測が実現したのです（GW1708

17は私たちの銀河系の中ではなく、1億3000万光年離れた銀河で起きた現象であることに注意してください）。さらに、中性子星合体でより多くの元素が放出されると、キロノバはより明るく輝きますので、キロノバの電磁波観測から中性子星合体がどれほどの物質を放出したかを知ることができます。観測されたキロノバの明るさからは、中性子星合体GW170817で0・05太陽質量程度の重元素が放出されたことが分かりました。

この情報を使って、銀河系の歴史の中で中性子星合体がどれほどの重元素を作り出せるかを計算してみましょう。

約10万年（10^5年）に1回、中性子星合体が起き、その都度0・05太陽質量を放出するとします。これが宇宙の年齢100億年（10^{10}年）程度続くとすると、中性子星合体が放出する重元素の総質量は5000太陽質量程度となり、現在銀河系に存在する重元素の量とほとんど同じであることが分かります。つまり、中性子星合体が宇宙における重元素の起源になり得ることが分かったのです。このように、中性子星合体のマルチメッセンジャー観測は宇宙における元素の起源の解明に向けても大きなステップとなりました。

10·4　重力波天体研究の最前線

中性子星合体からの重力波が観測され、あらゆる波長の電磁波観測が行われた結果、中性子星合体がガンマ線バーストを起こしていること、そして重元素を作り出していることが明らかになりました。しかし、このような観測は2021年の時点で、まだ1例しか成功していません。ですので、例えば中性子星合体がいつも強いジェットを出しているかは、まだ分かりません。

また、1例の観測だけでは、宇宙における中性子星合体の頻度も正確には分かりません。さらに、中性子星合体がいつも同じ元素の量を放出している保証もありません。つまり、前節で計算した、中性子星合体が銀河系の全ての重元素の量を説明できるかという問題はまだ完全には決着がついていないのです。また、中性子星合体で具体的にどの元素がどれだけできたかもよく分かりません。赤外線で強く輝く性質をもたらす原子番号57〜71のランタノイド元素が作られたことは間違いなさそうですが、rプロセスの代表例である金（原子番号79）やプラチナ（原子番号78）が作られたという確たる証拠は得られていないのです。

このように、GW170817の観測は、これまでの長年の謎を多く解決した一方で、私たちに新しい謎を投げかけています。その新しい謎を解くには、より多くの中性子星合体のマルチメ

ッセンジャー観測を実現するしかありません。次なる中性子星合体の観測が待望されていたなか、2019年4月25日にはついに2例目の中性子星合体が重力波によって観測されました（GW190425）。ふたたびマルチメッセンジャー観測の格好のチャンスがやってきたのです。

中性子星合体からの電磁波を探すべく重力波望遠鏡から送られてきた到来方向の地図を見ると……それは図10-13のようになっていました。色の濃い場所が空の広い領域にまたがっており、残念ながら重力波がどこから来たのかはほとんど分かりませんでした。これはGW190425がLIGOの1台の望遠鏡だけで観測されたためです。推定領域の広さは満月4万個分、全天の約5分の1にも及びました。多くの望遠鏡がこの領域を探査しましたが、残念ながら重力波を放った天体を見つけることはできませんでした。マルチメッセンジャー天文学と

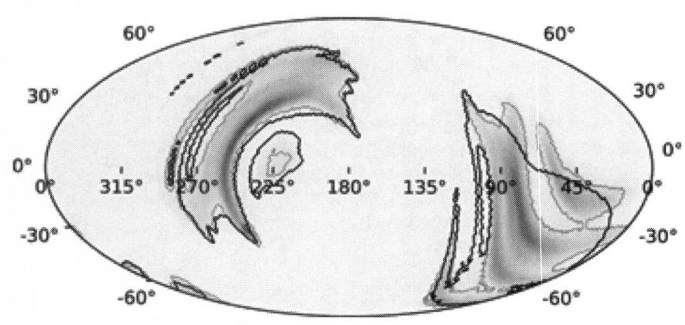

図10-13　GW190425の到来方向
(Abbott, B. P., et al. 2020, The Astrophysical Journal Letters, 892, L3)

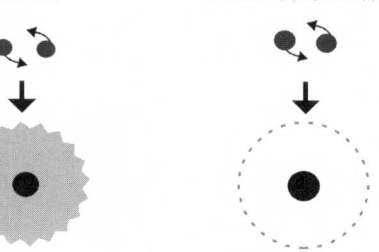

GW170817　　　より重い中性子星の合体

質量放出が多い　　　質量放出が少ない

図10-14　さまざまな質量の中性子星合体

しては残念な結果に終わってしまったのです。

しかし、重力波からは非常に面白い情報が得られました。この中性子星合体GW190425は、重たい中性子星の合体であることが分かったのです。GW170817の場合は、合体した2つの中性子星の合計質量は約2・8太陽質量でした。一方で、GW190425の場合は、合計が約3・4太陽質量と推定されました。今までの天文学の話と比べるとやけに細かい違いかと思われるかもしれませんが、中性子星の場合はこのわずかな差が非常に重要になります。

中性子星はあまりに重くなると自身の重みを支えきれず、ブラックホールに潰れてしまいます。中性子星がどれほどの質量に耐えられるかはまだ厳密には分かっていませんが、太陽質量の2・5倍程度だと考えられています。GW170817の場合も、GW190425の場合も、合体した2つの中性子星の合計の質量は2・5太陽質量を超えていますので、合体した後に中心に残る天体は、最終的にはブラックホールに潰れてしまうと考えられます。ここで、中性子星の合計質量が大きいほど、早くブラックホールに潰れてしまうこ

とが予想されます。あまりに早くブラックホールに潰れてしまうと、中性子星合体から物質が飛び出してくることができません（図10-14）。つまり、このような場合には重元素も放出されないでしょうし、キロノバも起きないことが予想されます。

前節で中性子星合体が供給する重元素の量を計算するときに、「いつもGW170817と同じ質量の重元素を放出する」ことを仮定したことを思い出してください。もし、多くの中性子星合体がGW190425のような質量をもっていると、この前提が崩れてしまい、中性子星合体からの元素合成量は足りなくなってしまうかもしれません。

今後より多くの中性子星合体の観測を行うことで、宇宙にはどのような質量の中性子星合体が多く、どれぐらい重元素が供給されているかを検証しなければなりません。

さて、ブラックホール同士の合体、中性子星と中性子星同士の合体から重力波が観測されたことで、もう1つ自然に考えられるのが、ブラックホールと中性子星の合体です。多くの研究者の期待が集まるなか、2020年1月5日と1月15日に、続けざまにブラックホールと中性子星の合体現象が観測されました。1つ目のイベントは質量が9太陽質量と2太陽質量の天体、2つ目のイベントは6太陽質量と1.5太陽質量の天体の合体であると推定され、どちらの場合も片方がブラックホール、もう一方が中性子星だと考えられます。

ブラックホールと中性子星が合体する場合、様々な結末が考えられます。ブラックホールの質

軽いブラックホール
と中性子星の合体

一部が放出される

重いブラックホール
と中性子星の合体

完全に吸い込まれる

図10-15　ブラックホールと中性子星の合体

量が比較的重い場合は、中性子星はブラックホールに吸い込まれてしまうでしょう（図10-15）。一方で、ブラックホールの質量が比較的軽い場合は、中性子星合体のときと同様に中性子星をなしていた一部の物質が宇宙空間に飛び出すことが予想されます。この場合はガンマ線バーストを起こすかもしれませんし、重元素を放出することでキロノバとして輝くことも期待されます。残念ながら、2020年に観測された2例はどちらもブラックホールに吸い込まれてしまう場合と考えられ、マルチメッセンジャー観測は実現しませんでしたが、今後の観測に期待が集まっています。

2021年の時点で、重力波望遠鏡LIGO、Virgoともにまだ性能が向上し続けており、今後より遠方で起きる合体現象からの重力波が検出できるようになるでしょう。実際に、初めて重力波が観測された2015年以来、年間の重力波観測数は順調に増えています。さらに、日本ではKAGRAが稼働し始め、さらにインドではLIGOと同じ検出器が建設されることが計画されています。複数の重力波望遠鏡で重力波を観測することができれば、重力波の到来方向がより正確に決まるため、マルチメッセンジャー観測が成功す

る確率がより高まります。近い将来、毎週のように中性子星合体が観測され、望遠鏡をその方向に向ければキロノバが観測できるという時代がやってくるかもしれません。今後のマルチメッセンジャー天文学の進展にぜひご期待ください。

コラム

GW170817のマルチメッセンジャー観測

GW170817のマルチメッセンジャー観測は、天文学・宇宙物理学に大きなインパクトをもたらした歴史的なイベントとなりました。

このイベントによって何が分かったかという科学的な成果は、科学論文や様々な記事として記録が残されます。一方で、観測の現場の様子や裏話は、忘れてしまうには惜しいのですが、なかなか記録が残されません。

ここでは私の経験をもとに、この歴史的なイベントの裏側で実際に研究者たちが何をしていたかを紹介したいと思います（本コラムでは、時刻は日本時間で表します）。

日本では重力波天体の電磁波観測を実現すべく、2014年にJ-GEM（Japanese collaboration for Gravitational wave Electro-Magnetic follow-up）という研究チームが組織され、私もこのグループの一員として研究を行っていました。

J-GEMは重力波望遠鏡LIGO、Virgoと共同研究の覚書を結び、重力波が検出されたらその情報をいち早く知らせてもらう取り決めになっていました。ただし、共同研究者以外に

は重力波が検出されたことを言ってはいけません。GW170817の観測はこのような特殊な環境の中行われました。

中性子星合体からの重力波検出の速報が届いたのは8月17日21時21分のことです。速報には、重力波シグナルの性質から検出されたのは中性子星の合体らしいこと、さらにフェルミ衛星でのガンマ線シグナルとほとんど同時刻に観測されたことが記されており、期待が膨らみます。約1時間半後の23時9分に重力波の到来方向の推定位置が送られてきたのですが、すぐに観測にとりかかることはできませんでした。LIGOの望遠鏡1台による推定で、重力波を放った天体がどこにいるのか全く分からなかったためです。

翌日、8月18日の2時54分にはLIGO、Virgoの3台の望遠鏡による重力波の正確な到来方向が推定されました。3台の観測による非常に精度の高い推定です。

このとき、これは大変なことになりそうだという予感があったのですが、日本からは肝心の到来方向はすでに見えなくなってしまい、もどかしいですが何もすることができません。8月18日の朝、とりあえずどういう天体が観測され得るかを考えようと思い、事前に行っていたキロノバのシミュレーションをもとに、予想される明るさをグループのメンバーに伝えました。日本が夜になるまでにはまだ半日ありますが、ハワイにあるすばる望遠鏡では日本時間のお昼ぐらいには日が暮れます。日本時間9時30分には、すばる望遠鏡の予定を変更して重力波到来方向の観測を

行うことが決定されました。

そんな中、8月18日10時5分にチリの望遠鏡を使った観測によって、GW170817の到来方向の領域内にある銀河NGC4993で新天体（後にAT2017gfoと名付けられました）が見つかった、という報告が飛び込んできます。

「やられた！」と思ったのですが、ハワイはまだ夕方ですので、日本時間の昼頃までは手が出せません。心の中では「地球よもっと速く自転してくれ」と願っているのですが、もちろんそんなことは起きません。しかし、まだこの天体が本当に重力波を放った天体かどうかは分かりません。すばる望遠鏡は大望遠鏡としては世界一の広視野をもつため、広い領域を探査することができます。これは世界的にユニークな特徴ですので、報告された天体に限らず広い領域を探査することが決まりました。

日本時間の14時30分にすばる望遠鏡での観測が始まりました。広い領域を探査するとはいえ、やはり気になるので、まずはチリの望遠鏡で報告された天体の方に望遠鏡を向けてみます。確かに今までにいなかった天体がいます。今思えばこれが重力波天体の画像を自分の目で見た最初の瞬間だったのですが、その当時は本当にその天体が重力波天体かどうかは分かっていませんでした、「確かにいるね」という程度の感想だったのを覚えています。

GW170817の到来方向は太陽の方向に近かったため、日没の直後に西の空に太陽を追う

ようにすぐに沈んでいってしまいます。そのため、観測のチャンスは1時間程度しかなく、しかも望遠鏡を低い場所に向ける必要がありました。ちなみに、すばる望遠鏡を横に向けると、光を反射する巨大な鏡が縦になり危険なためです。そのため、GW170817の観測中は常に「それ以上横に向けないでください」という警告が鳴り続けるという状況でした。

その後、すばる望遠鏡では、8月19日、25日にも観測が行われ、AT2017gfoが可視光で急激に暗くなっていることが確認されました。これはまさにキロノバとして予想されていた特徴です。また、名古屋大学が運用するIRSF望遠鏡では、AT2017gfoの赤外線のデータが取得され、赤外線で長く輝くという特徴も確認されました。これらのデータが全て出揃い、すばる望遠鏡で行われた広域の探査観測で他に該当しそうな新天体も発見されなかったことから、グループ全体としてもAT2017gfoがキロノバであると確信するに至りました。

このような確信に至っていたのは私たちだけではありません。世界にはLIGO、Virgoと共同研究の覚書を結んでいたグループが多数あり、多くの研究者がAT2017gfoがGW170817の電磁波対応天体であり、キロノバの性質を示していることに気づいていました。この重大性を受けて、9月9日にはLIGO、Virgoと電磁波観測の共同研究全体として、この結果を世界時10月16日に世界一斉で記者発表を行うことが決まりました。つまり発表まで1

ヵ月程度しかありません。ここから大急ぎで論文の執筆が始まりました。

ここで忘れてはいけないのが「共同研究者以外には重力波観測の情報を話してはいけない」という取り決めです。1ヵ月で研究結果をまとめて論文には重力波観測の情報を話してはいけない」という取り決めです。1ヵ月で研究結果をまとめて論文を執筆しなければならないので、全ての時間を費やしたいところですが、共同研究者以外には何をしているのかを説明できません。例えば私も、職場の同僚や家族にも重力波のことは何も話せませんので、なかなか困りものです。

しかし、世界中の望遠鏡がAT2017gfoを観測していたため、案の定中性子星合体からの重力波検出の噂は徐々に広まっていきました。

いちばん最初に大々的に報じられたのは、8月26日の「Nature」誌の記事です。中性子星合体からの重力波が検出されたという噂に関しての記事が掲載されたのです。しかも、ご丁寧にAT2017gfoが現れた銀河NGC4993の写真付きです。

どこから情報が漏れたのかと思えば、8月23日にハッブル宇宙望遠鏡で行われた観測で、観測者が観測ターゲット名に「BNS-MERGER」（binary neutron star merger＝中性子星合体）と記した観測記録が全世界に公開されてしまっていたのです。さらに、この観測記録には望遠鏡がどちらを向いていたかも書いてあったため、どこにAT2017gfoがいるかも明白です。

1ヵ月で世界一斉の記者発表にこぎつけるという急ピッチのスケジュールには、このような背景もあったのでした（ちなみに、2019年からは重力波検出の情報は全世界に即時公開される

ようになりました）。

このような大忙しな1ヵ月を経て、世界時10月16日（日本時間では10月17日）に中性子星合体からの重力波検出に関する記者発表が行われました。LIGO、Virgoのグループが取りまとめた「GW170817のマルチメッセンジャー観測」と題したまとめ論文の著者は、合計3677人（！）にもなり、まさに世界中の研究者が一つのイベントに取り組んだことが分かります（ちなみにこの論文では、著者の名前だけで21ページも割かれています）。さらに、世界中の各研究グループから1日でなんと84編の論文が同時に発表されました。

GW170817ではあらゆる波長の電磁波観測が実現し、重元素の起源やガンマ線バーストのメカニズムの理解が大きく進みました。マルチメッセンジャー天文学の威力に驚くばかりです。今後は一体どのような現象が観測され、何が分かるのか、そして今度はどのようなドタバタ劇が起きるのか、今から楽しみにしたいと思います。

11章——高エネルギーニュートリノ天体のマルチメッセンジャー観測

マルチメッセンジャー観測の最後の例は高エネルギーニュートリノ天体です。高エネルギーニュートリノ天体のマルチメッセンジャー観測が実現したのは2017年9月のことです。これはちょうど10章で紹介した、中性子星合体（2017年8月）が観測された直後のことで、2017年はマルチメッセンジャー天文学の大きな転換期となりました。

本章では高エネルギーニュートリノを作り出す宇宙線の性質を解説した後、高エネルギー宇宙線とニュートリノの起源を探るためのマルチメッセンジャー観測の例を紹介します。

11-1　宇宙線の起源

　7章では、宇宙には非常に高いエネルギーをもった「宇宙線」粒子が飛び交っており、それらが地球大気に突入することでニュートリノが作られることを紹介しました（大気ニュートリノ）。

225

この宇宙を飛び交う宇宙線は、様々なエネルギーをもっていることが知られており、図11-1のようにエネルギーが高いほどその数が少なくなっているのが知られています。

図11-1を見ると、少数ながら宇宙には10^{20}電子ボルトものエネルギーをもつ宇宙線もいることが知られています。1電子ボルトは約10^{-19}ジュールですので、10^{20}電子ボルトはおよそ10ジュールに対応します。これは野球のボールを時速100kmで投げたときの運動エネルギーと同じぐらいです（図11-2）。そう聞くと大したことないと思われるかもしれませんが、野球ボールの質量が約0・1kg（10^{-1}kg）程度に対して、1つの宇宙線粒子の質量はたったの10^{-27}kg程度ですので、その質量は26桁も異なります。つまり、それほど小さな質量の1粒子が時速100kmの

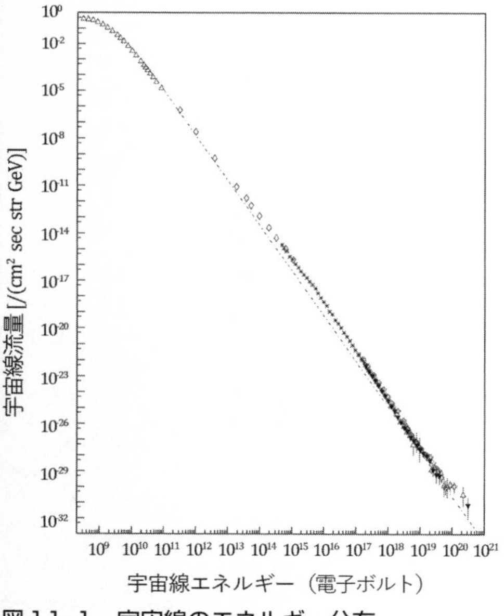

図11-1　宇宙線のエネルギー分布
(Swordy, S. P. 2001, Space Science Reviews, 99, 85-94)

縦軸：宇宙線流量 I/(cm² sec str GeV)
横軸：宇宙線エネルギー（電子ボルト）

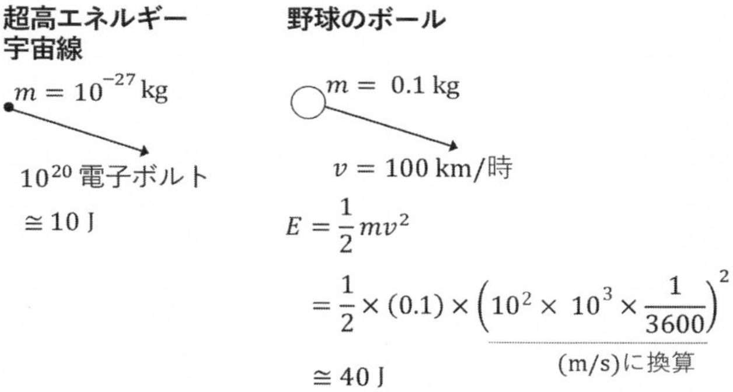

超高エネルギー宇宙線

$m = 10^{-27}\,\text{kg}$

10^{20} 電子ボルト

$\cong 10\,\text{J}$

野球のボール

$m = 0.1\,\text{kg}$

$v = 100\,\text{km/時}$

$E = \dfrac{1}{2}mv^2$

$ = \dfrac{1}{2} \times (0.1) \times \underbrace{\left(10^2 \times 10^3 \times \dfrac{1}{3600}\right)}_{\text{(m/s)に換算}}^{2}$

$ \cong 40\,\text{J}$

図11-2　超高エネルギー宇宙線のエネルギー

野球ボールほどのエネルギーをもって宇宙を飛び交っているのです。これは驚くべきことです。

では、宇宙線はどこでどのようにして作られているのでしょうか？

エネルギーが10^{15}電子ボルト程度以下の宇宙線は、銀河系の中で起きた超新星爆発で作られているというのがもっとも有力な説です。超新星爆発が起きて宇宙空間に広がると、超新星残骸となって観測されます（図3-9）。超新星残骸は衝撃波を作り出し、そこでは一部の粒子が高いエネルギーまで加速されることが知られています。そこで加速された粒子が超新星残骸から抜け出して銀河系の中に充満し、その一部が宇宙線として地球で観測されているのです。

しかし、地球には10^{15}電子ボルトよりもエネルギーの高い宇宙線がやってきていることが知られています（図11-1）。そのような高エネルギー宇宙線の起源は明らか

になっていません。特に、10^{17}～10^{18}電子ボルトよりも高いエネルギーの宇宙線は銀河系内の天体ではなくて、銀河系外にあるより激しい天体現象が起源ではないかと考えられています。

例えば、星が爆発して相対論的ジェットを放出するガンマ線バースト（5章）や、銀河の中心にある超巨大ブラックホールから相対論的ジェットが噴き出しているブレーザー（3章）のような天体が有力と考えられていました。

では、なぜ高エネルギーの宇宙線の起源を特定するのは難しいのでしょうか？

それには宇宙線ならではの特徴が関係しています。宇宙線はエネルギーの高い陽子や原子核で、これらの粒子はどれもプラスの電荷をもっています。ここで重要なのが、宇宙空間には弱い磁場が存在していることです。磁場が存在すると、電荷をもった粒子の運動は曲げられてしまいます（図11‐3）。つまり、地球上で宇宙線がある方向から観測されたときに、その方向を逆に辿っていったとしても、宇宙線を作り出した天体を見つけることができないのです。

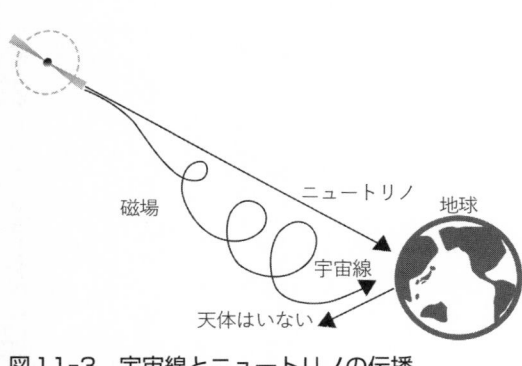

磁場　　　ニュートリノ　地球

宇宙線

天体はいない

図11-3　宇宙線とニュートリノの伝播

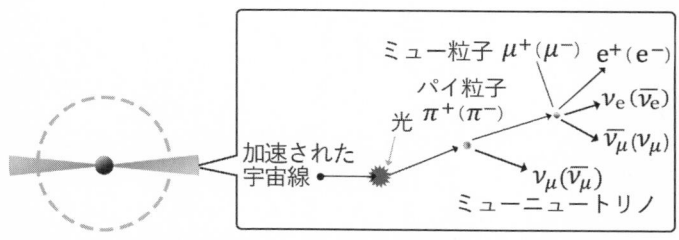

図11-4　高エネルギーニュートリノの発生メカニズム

そこで重要な役割を果たすのがニュートリノです。7章の大気ニュートリノの説明を思い出してください。宇宙線が地球の大気をなす物質と衝突するときにニュートリノが発生するのでした（図7-8）。これと同じような現象が高エネルギー宇宙線でも起きることが考えられます。つまり、何らかの天体現象で宇宙線が高いエネルギーまで加速され、その周りにある物質に当たると、ニュートリノが発生するのです。さらに、ガンマ線バーストなどの明るい天体現象では、光（光子）が標的になることでもニュートリノが発生します（図11-4）。

このように、高エネルギー宇宙線を生み出す天体現象は高エネルギーニュートリノを強く放出していることが期待されます。ニュートリノは電荷をもたず我々に直進してきますので、ニュートリノを観測することができれば、高エネルギー宇宙線の起源天体を突き止めることができるはずです。これを実現すべく、宇宙からの高エネルギーニュートリノを捉えようとする試みがまさに現在行われています。

高エネルギーニュートリノの観測の方法の原理は、7章で紹介した様々なニュートリノの検出方法と同じです。ニュートリノが来たことを知るには、ニュートリノを何らかの物質と反応させ、その反応が起きた様子を観測可能な信号として取り出せば良いのです。問題はなかなかニュートリノが物質と反応しないことです。そのため、大量の物質を用意する必要があり、スーパーカミオカンデの場合は5万トンの超純水を用意してニュートリノを待ち構えているのでした。

高エネルギーニュートリノの観測はさらに大変です。なぜかというと、地球に降り注ぐ量が非常に少ないためです。例えば、スーパーカミオカンデが捉えている「大気ニュートリノ」（エネルギーは 10^9 電子ボルト程度）が地球の表面に届く量は、1 cm^2 あたり1秒間に1個程度です。一方で、エネルギーが 10^{12}～10^{13} 電子ボルト程度の高エネルギーニュートリノの流量は、大気ニュートリノよりも大幅に少ないことが知られています。

図11-5は予想されるニュートリノの量をエネルギーの関数で示したもので、エネルギーが高いニュートリノほど急激に少なくなっているのが分かります。ただでさえ物質と反応しづらいニュートリノが、ほとんど飛んでこないのです。

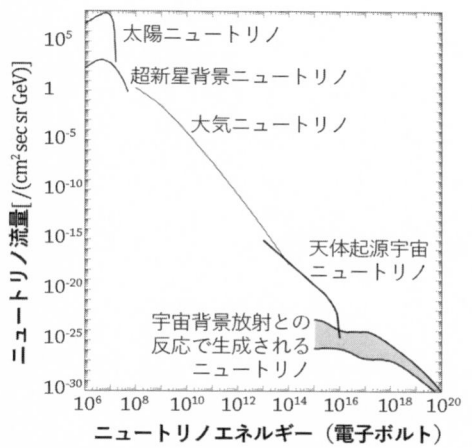

図11-5　ニュートリノのエネルギー分布
（吉田滋氏提供・千葉大学ハドロン宇宙国際研究センター）

では、どうしたらこのニュートリノを観測することができるでしょうか？

答えは一つしかありません。より巨大な「検出器」を作って待ち構えるのです。そこで考え出されたのが、南極の氷を使う方法です。南極の氷の中でニュートリノはまれに反応を起こし、反応によって生まれた粒子が物質中を高速で走ることで光が放たれます。この光を観測することができれば、ニュートリノが来たことを知ることができるはずです。この原理に基づいて建設されたのがIceCubeニュートリノ観測所です（図11-6）。IceCubeは、南極の氷の中の深さ1・5kmから2・5kmの場所に、幅1kmにわたって光を検出するための検出器を埋め込むことで、巨大な「ニュートリノ検出器」を実現しました。その体積は1km³で、スーパーカミオカンデの実に2万倍（！）にもなります。

IceCube観測所はおよそ10年の建設期間を経て、2010年に完成しました。そして、2010年から2012年に

図中のラベル：

太陽ニュートリノ

超新星背景ニュートリノ

大気ニュートリノ

天体起源宇宙ニュートリノ

宇宙背景放射との反応で生成されるニュートリノ

縦軸：ニュートリノ流量／（cm² sec sr GeV）

横軸：ニュートリノエネルギー（電子ボルト）

取得されたデータが調べられた結果、2011年と2012年に1例ずつ高エネルギーニュートリノのシグナルが発見されました。図11-7はそのシグナルの様子です。丸の位置は氷の中に埋め込まれた光検出器の場所を表しており、丸の大きさが光の強さに対応しています。ニュートリノがIceCube検出器の中の物質と相互作用を起こし、そこで生まれた粒子による発光現象が、氷の中に埋め込まれた検出器によって検出されたのです。

この光の強さから、やってきたニュートリノが10^{15}電子ボルトほどのエネルギーをもっていることが判明しました。宇宙から確かに高エネルギーニュートリノがやってきていることが初めて明らかになったのです（IceCubeの建設から初検出までのストーリーは『深宇宙ニュートリノの発見 宇宙の巨大なエンジンからの使者』（吉田滋著、光文社新書）をご参照ください）。

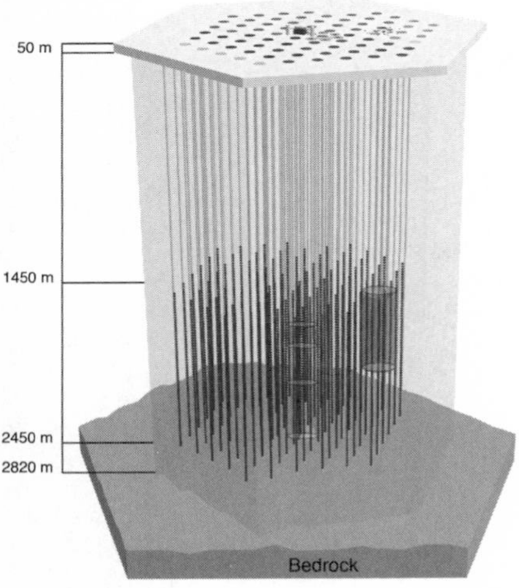

図11-6　IceCubeニュートリノ観測所
(Markus, A. & Francis, H. 2018, Progress in Particle and Nuclear Physics, 102, 73-88)

IceCubeニュートリノ観測所はその後も多くの高エネルギーニュートリノを検出し続けています。ではどのような天体が高エネルギーニュートリノを放っているのでしょうか？　ここからはその手がかりを見ていきましょう。

まず、図11-8が観測されたニュートリノの到来方向を表しています。この図は銀河系の円盤の面が水平にくるようになっており、濃い色の箇所は高エネルギーニュートリノが地球で吸収されてしまい、IceCubeでは観測しづらい方向を示しています。この図を見ると、ニュートリノの到来方向は特定の方向に偏ってはいないことが分かります。もしニュートリノ天体が私たちの銀河系の中にいると、ニュートリノの到来方向は銀河系の面内に偏ることが期待されます。つまり、偏りのない分布は、ニュートリノ天体が銀河系の外に存在しているということを表しています。前節で紹介した通り、高エネルギー宇宙線、そして高エネルギーニュートリノの起源天体としては、ガンマ線バーストやブレーザーのような（銀河系外の）天体が考えられ

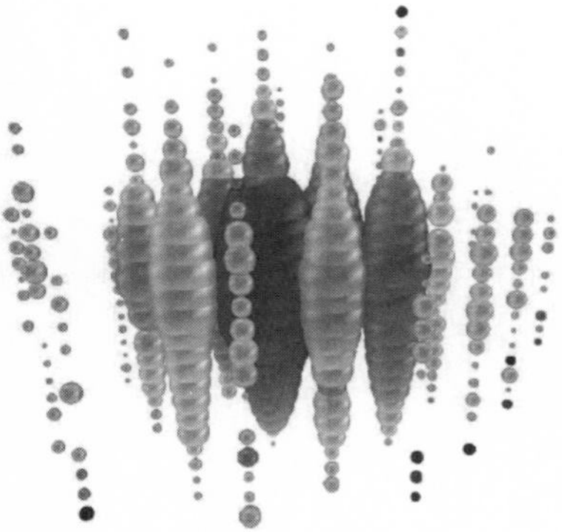

図11-7　IceCubeが捉えたニュートリノのシグナル
(IceCube Collaboration 2013, Physical Review Letters, 111, 021103)

ていましたので、これは「予想通り」の結果といえま
す。

　では、本当にそのような天体が起源天体なのでしょ
うか？

　例えば、もしガンマ線バーストが高エネルギーニュ
ートリノの起源だとすると、ニュートリノが検出され
るタイミングと同じタイミングで、ガンマ線バースト
も観測されることが予想されます。しかし、これまで
IceCubeでニュートリノが観測されたときに、
ガンマ線バーストが一緒に観測されたことはありませ
ん。つまり、IceCubeが観測している高エネル
ギーニュートリノはガンマ線バーストが放ったもので
はないと考えられます。本命のシナリオの一つが早々
と棄却されてしまったのです。

　もう一つの本命が、ブレーザーです。ブレーザーは
銀河の中心にある超巨大ブラックホールからジェット

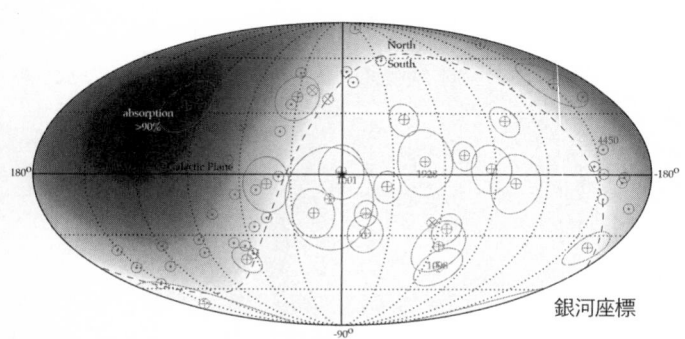

図11-8　ニュートリノの到来方向の空間分布
(Markus, A. & Francis, H. 2018, Progress in Particle and Nuclear Physics, 102, 73-88)

が噴出している天体でした。このジェットは常に存在しており、ブレーザーは常に強いガンマ線源として観測されています（図3－10）。つまり、IceCubeが観測したニュートリノの起源である可能性が高いといにブレーザーがいれば、ブレーザーが高エネルギーニュートリノの方向えます。

しかし、IceCubeが観測したニュートリノの到来方向と、ガンマ線の観測で知られているブレーザーの位置を調べてみると、両者がいつも関係しているわけではないことが分かりました。つまり、もう一つの本命であるブレーザーも高エネルギーニュートリノの主要な起源ではなさそうなのです。

このように、IceCubeによる観測によって、高エネルギーニュートリノの起源天体はガンマ線バーストやブレーザーではなさそうということが判明してしまいました。強い相対論的ジェットをもっていて、ガンマ線で明るく輝く、「派手な天体」が起源ではなさそうなのです。

では、どうやったら高エネルギーニュートリノの起源天体を探すことができるでしょうか？

これまでは、IceCube観測所で取得されたデータは、取得から時間が経った後に網羅的に調べられていました。例えば、最初のニュートリノシグナルは2012年に発表されましたが、実際にシグナルが観測されていたのは2011年のことです。つまり、発表されてからその方向を見にいっても「時すでに遅し」なのです。超新星爆発は1年程度で輝きを失いますので、

ニュートリノが飛んできた方向で超新星爆発が起きていたかどうかは調べることができません。

そこで、2016年からはIceCubeのデータがリアルタイムに解析され、ニュートリノの信号がやってきたら即座に全世界に公開されるようになりました。これによって、本当の意味での「マルチメッセンジャー観測」が可能になったのです。

次節では、2017年に実現した高エネルギーニュートリノ天体のマルチメッセンジャー観測を紹介します。

11-3 IceCube-170922Aの観測

2017年9月22日、世界時20時54分（日本時間9月23日5時54分）、IceCube観測所によって高エネルギーニュートリノシグナルが観測されました。このイベントは日付からIceCube-170922Aと呼ばれています。このシグナルはIceCubeの光検出器を横切るように記録されました（図11-9）。

これは、ニュートリノが氷（もしくは地球の岩石）の中の原子核と反応してミュー粒子を作り、ミュー粒子がIceCubeの検出器内に飛び込んできたときに生まれるシグナルです。これにより、どちらの方向からニュートリノが飛んできたかが推定され、その到来方向が約1平方

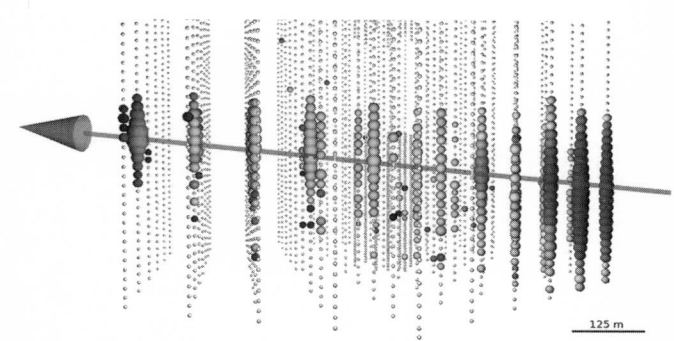

図11-9　IceCube-170922A
光を検出した検出器の位置が示されている。カラーは口絵5を参照。
(IceCube Collaboration, et al. 2018, Science, 361, eaat1378)

度の領域に絞られました。さらに、この情報は直ちに世界中に公開され、多くの電磁波望遠鏡がこの方向の観測を始めました。

空の1平方度（1度×1度）は、満月の5倍ぐらいの大きさです。そう聞くと大したことなさそうですが、銀河系の外の宇宙には、見かけの1度の中に多数の銀河が存在しています。その中のどこかにニュートリノを放った天体がいるはずで、それを見つけ出さなければいけません。この状況はちょうど重力波天体を探すのに似ています。

しかし、大きな違いが一つあります。重力波の場合は、そのシグナルから「中性子星が合体した」という情報が得られるため、どのような天体を探せば良いかが分かります。一方で、高エネルギーニュートリノの場合は、どのような天体がニュートリノを放ったのかが分かりません。どれを探せば良いのかも分からない

のです。つまり、ニュートリノを放った天体を同定するには、この到来方向の領域で「いつもと違う何か」を探さなければいけません。

IceCube-170922Aの追観測が始まると、まず広島大学のかなた望遠鏡を使った観測によって、到来方向の領域にある「TXS 0506+056」というブレーザー（図11-10）の可視光の明るさが大きく変動していることが判明しました。そこで、フェルミ衛星のデータでガンマ線の明るさが調べられたところ、この天体がこれまでになく明るくなっているることが分かったのです。まさに「いつもと違う何か」が見つかったのです。

では、この「TXS 0506+056」というブレーザーがニュートリノを放ったと結論づけて良いのでしょうか？ ニュートリノの到来方向には他にも様々な天体が存在しているため、これは難しい問題です。

しかし、ニュートリノが観測されるという稀なイベントのときに、ブレーザーという稀な天体が、明るくなっているという稀な状態にあったこ

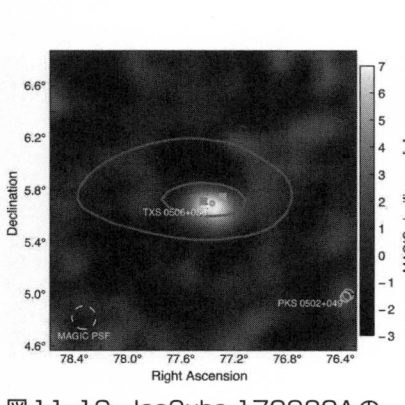

**図11-10　IceCube-170922Aの
　　　　　ガンマ線対応天体**
カラーは口絵6を参照。（IceCube Collaboration, et al. 2018, Science, 361, eaat1378）

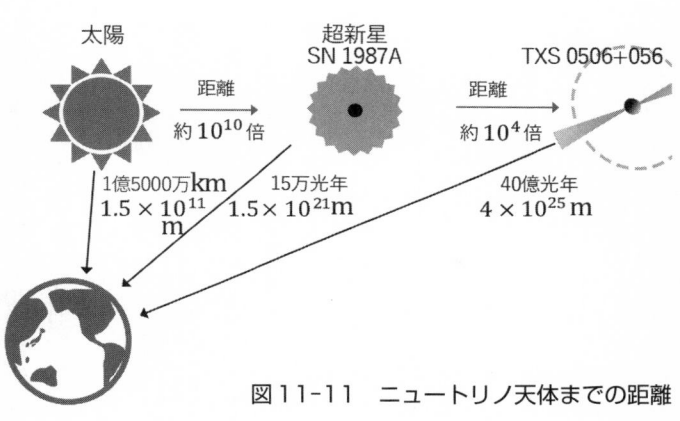

太陽

超新星
SN 1987A

TXS 0506+056

距離
約 10^{10} 倍

距離
約 10^4 倍

1億5000万km
1.5×10^{11} m

15万光年
1.5×10^{21} m

40億光年
4×10^{25} m

図11-11　ニュートリノ天体までの距離

とは特筆すべきことです。つまり、この両者が実は全く関係なく、偶然同じ方向で起きる確率は非常に低いといえます。実際に、2つの事象が無関係である確率を計算すると0.3％程度であることが分かり、このことから「TXS 0506＋056」がIceCube-170922Aの対応天体であろうと結論づけられました。高エネルギーニュートリノ天体のマルチメッセンジャー観測が実現したのです。

ちなみにこの天体は、ニュートリノの放射源としては史上3例目に確認された天体です（図11-11）。

1天体目は、もちろん私たちの太陽です。地球から太陽までの距離は、約1.5億km（1.5×10^8 km＝1.5×10^{11} m）です。2天体目は、9章で紹介した超新星SN 1987Aで、天体までの距離は約15万光年（1.5×10^5 光年＝5×10^{21} m）です。それに対して、IceCube-170922Aに付随して発見された「TXS 0506

+056）までの距離は、約40億光年（4×10^9光年＝4×10^{25} m）です。人類がニュートリノで調べることができる宇宙の範囲が大きく広がったのが分かります。

さて、ここで鋭い読者の方は「おや？」と思われたことでしょう。そうです、前節では、ニュートリノの到来方向から、ブレーザーが高エネルギーニュートリノの主要な起源ではなさそうと説明していました。一方で、最初のマルチメッセンジャー観測で同定されたのはブレーザーです。

実は、この矛盾には研究者たちも頭を悩ませています。おそらく、ブレーザーが作っているのは地球に降り注ぐ高エネルギーニュートリノの一部だけで、大半の高エネルギーニュートリノは、他の天体現象によって作られているのでしょう。つまり、「本命」が別にいるはずなのです。

次節では、その「本命」を突き止めるための研究の最前線を紹介します。

11-4 高エネルギーニュートリノ天体研究の最前線

地球に降り注いでいる高エネルギーニュートリノの大半は、一体どのような天体現象から来ているのでしょうか？

粒子を10^{15}電子ボルト以上の高いエネルギーまで加速するには、ブラックホールからの相対論的ジェットのような高速の物質の流れがあることが望ましいと考えられます。一方で、強い相対

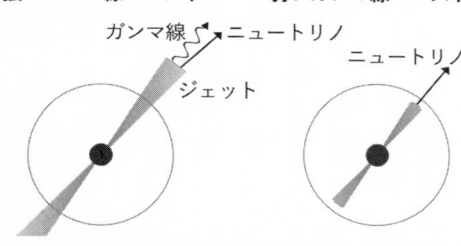

強いガンマ線バースト　　　**弱いガンマ線バースト**

ガンマ線　　ニュートリノ
ジェット
ニュートリノ

図11-12　弱いガンマ線バーストのシナリオ

論的ジェットをもつガンマ線バーストやブレーザーは、大半のニュートリノの起源ではなさそうということも分かっています。つまり、高エネルギーニュートリノ天体はもう少し「控えめ」な天体のようなのです。可能性としては、ガンマ線バーストよりも少し弱い超新星や、ブレーザーほどガンマ線で輝いていない超巨大ブラックホールをもつ活動的な銀河（活動銀河核）などが挙げられます。

例えば、重い星の重力崩壊が起こすガンマ線バーストを考えてみましょう（図11-12）。もしブラックホールからのジェットが星の中を突き破れなければ、ガンマ線では明るく輝かないことが予想されます。一方で、ジェット自体は存在したので、そこで粒子が加速されていればニュートリノも作られ、ニュートリノは星から簡単に抜けてくることができます。このように「ガンマ線では明るくないガンマ線バースト」という天体現象があってもおかしくはありません。この場合は、高エネルギーニュートリノとガンマ線バーストが一緒にやってこないことも自然に説明できます。実際に、宇宙では弱いガンマ線バーストが観測されており、このような天体がニュートリノ源である可

241

能性はまだ残っています。

超巨大ブラックホールからのジェットの場合も同じです。ブレーザーのように強いジェットを
もっていなくても、超巨大ブラックホールの周りでは粒子が加速される可能性があります。この
ような天体はニュートリノ源となり得ますが、強いガンマ線源ではないので、やはり現在までの
観測事実とは矛盾しません。

マルチメッセンジャー観測によってニュートリノがやってきた方向にこれらの天体を発見する
ことができれば、確かにこれらの「控えめ」な天体がニュートリノの起源であることを確かめる
ことができます。しかし、ここで大きな問題が立ちはだかります。それは、これらの「控えめ」
な天体が、ガンマ線バーストやブレーザーよりも「ありふれた」存在であることです。

このような天体は宇宙のどこにでもいるので、ニュートリノの到来方向を見にいくと、ニュー
トリノとは全く関係ない「控えめ」な天体が常に見つかってしまいます。つまり、控えめであり
ふれた天体の場合は、本当にそれらの天体がニュートリノを放っているかを検証するのが難しい
のです。

これを解決するもっとも単純な方法は、ニュートリノがやってくる方向をより正確に推定する
ことです。もしニュートリノの到来方向をより正確に決めることができれば、そのぶんだけ無関
係な天体が偶然いる確率が減りますので、真のニュートリノ源を突き止められる可能性が高まり

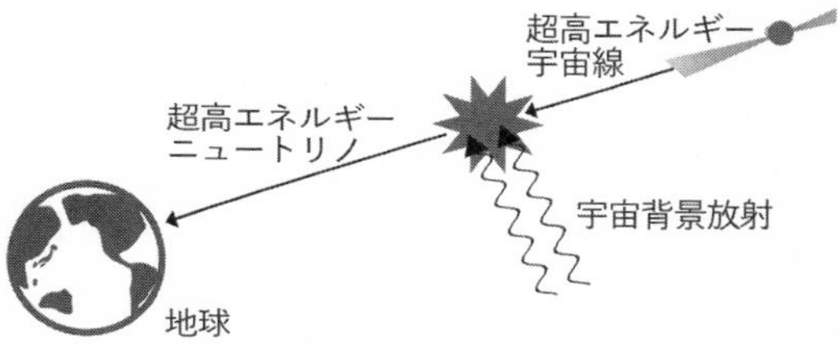

図11-13　超高エネルギーニュートリノ

ます。実際にIceCubeでは、ニュートリノの到来方向をより正確に決めるためのアップグレードが計画されています。さらに、ヨーロッパでは地中海の水を用いた巨大ニュートリノ検出器KM3NeTも建設されています。氷よりも水を使うほうがニュートリノの到来方向を正確に決めることができるため、今後の観測に期待が集まっています。

また、今後の可能性として、さらにエネルギーの高いニュートリノの観測も期待されています。これまでIceCubeで観測されたニュートリノのエネルギーは10^{13}〜10^{16}電子ボルト程度でした。しかし、宇宙にはもっとエネルギーの高い宇宙線が飛び交っていることが知られています（図11-1）。このような宇宙線が作る「超高エネルギーニュートリノ」も宇宙からやってきているはずです（図11-5）。特に、10^{19}〜10^{20}電子ボルト程度以上の宇宙線は、宇宙空間を充満する「宇宙背景放射」の光と反応してニュートリノを作ることができるため、宇宙空間に放り出されれば必ずニュートリノが生まれることが予想されます（図11-13）。この場合に作られるニュートリノのエネルギーは10^{18}電子ボルト程度です。

「超高エネルギーニュートリノ」は宇宙を飛び交う数が極端に少ないため、今のところそのような エネルギーをもつニュートリノイベントは確認されていません。このような「超レア」イベントを捕まえるには、より大きな検出器で待ち構える必要があります。

IceCubeでは検出器をより巨大化することも計画されており、近い将来には超高エネルギーニュートリノの観測が実現するでしょう。このようなニュートリノのマルチメッセンジャー観測に成功すれば、宇宙でもっともエネルギーが高い宇宙線がどこで作られているかが明らかになると期待されています。

12章 ── マルチメッセンジャー天文学の将来

マルチメッセンジャー天文学はまだ始まったばかりです。今後、より多くの天体現象に対して様々なマルチメッセンジャー天文学観測が実現することが期待されています。

本章では、将来のマルチメッセンジャー天文学で見えてくるであろう、新たな宇宙の姿を紹介していきます。

12-1 多波長重力波天文学

2015年にブラックホールの合体からの重力波の直接観測が初めて実現し、重力波天文学が幕をあけました。2017年には中性子星の合体からの重力波も観測され、マルチメッセンジャー天文学が実現しました。さらに2020年にはブラックホールと中性子星の合体からの重力波も観測されています。このように、私たちは宇宙における天体現象を探る新しい手段を手に入れ

たのです。しかし、現在観測できる重力波は、宇宙に存在する重力波の中の「ほんの一部」でしかありません。

重力波望遠鏡LIGO、Virgo、KAGRAは、中性子星合体などの天体現象を捉えるため、100Hz程度の重力波をもっともよく捉えるように設計されています。8章で説明した通り、中性子星が合体する直前には、2つの星がお互いの周りを1秒間に100回程度も回るようになります。1秒間に100回ですので、その周期は100分の1秒、つまり100Hzとなります（重力波は半周で1つ波が発生するので、このとき放たれる重力波の周波数は200Hzです）。ここでもう一度、重力波望遠鏡のノイズの大きさを表した8章の図8−8を見てくださ い。100Hz程度で線がもっとも下に来ている、すなわちノイズが低く、感度が良いことが分かります。

では、これ以外の周波数の重力波は宇宙では発生していないのでしょうか？

重力波の周波数を高くするためには、天体がもっと近づいて速く運動すれば良いはずです。しかし、強い重力をもつ天体の中で、中性子星やブラックホールは宇宙でもっとも小さい天体ですので、これより高い周波数に多くの天体現象が存在しているとは考えにくいといえます。一方で、より低い周波数では様々な天体が重力波を放っていることが期待されています。

その代表例が、巨大ブラックホールの合体現象です。私たちの銀河系の中心には太陽の100

図12-1 合体する銀河
(NASA, ESA, the Hubble Heritage Team
(STScI/AURA) -ESA/Hubble Collaboration
and K. Noll (STScI))

万倍程度の質量をもつ「超巨大ブラックホール」が存在していることが知られています。また、3章で紹介したEHTによって捉えられたブラックホールの影は、系外銀河M87の中心に存在する超巨大ブラックホールで、その質量は太陽の約65億倍でした。このように巨大なブラックホールが合体するのを想像するのは難しいと思いますが、実はそのような合体現象は宇宙で頻繁に起きていると考えられています。銀河系外の宇宙では、図12-1のように合体している銀河が観測されています。銀河の中心には巨大ブラックホールがいますので、このように銀河が合体するときには、中心の巨大ブラックホールも合体することが期待されます。

巨大なブラックホールが合体すると、より周波数の低い重力波が放出されます。合体直前の重力波の周波数は、およそ質量に反比例します。太陽の10倍の質量のブラックホールの合体は100Hz程度の重力波として観測されるのでした。つまり、太陽の100万倍の質量のブラックホールが合体する場合は、放たれる重力波の周波数は100Hz÷10^5=

10^{-3} Hz（1ミリHz）程度になることが予想されます。1ミリHzは、1秒間に1000分の1周期、つまり1000秒（約15分）で1周ですので、少し想像しやすいのではないでしょうか。

1ミリHzの周波数をもつ重力波を観測することができれば、宇宙で巨大ブラックホールが合体する瞬間を捉えることができそうです。ではどうすればこのような「低周波」重力波を捉えることができるでしょうか？　8章の図8-8の左端を見ると、重力波望遠鏡LIGO、Virgo、KAGRAの感度は10 Hz程度から急激に悪くなっているのが分かります。これは地球上の地面の振動に起因しています。地面が揺れることでノイズが発生するため、10 Hz以下の周波数で微弱な重力波がやってきても気づくことができないのです。

ではどうすれば良いでしょうか？　答えは一つしかありません。宇宙に重力波望遠鏡を作るのです。

宇宙に重力波望遠鏡を作るということは想像できない方が多いかもしれませんが、実際に現在、ヨーロッパの国々を中心として、宇宙重力波望遠鏡LISA（Laser Interferometer Space Antenna）の計画が進められています（図12-2）。

図12-2　LISAの想像図（NASA）

LISAは、2030年代に打ち上げられ、観測を開始することを目指しています。図12-2にあるように3機の人工衛星で構成され、周波数0.0001～1Hz（0.1ミリHz～1Hz）程度の重力波を観測する計画です。

お互いの衛星の距離は250万km（250万km）と比べると、まさに桁違いのスケールです。図12-3がLISAで予想される到達感度で、低周波数の重力波をカバーしていることが分かります。この周波数帯では、主に太陽の1万倍から1000万倍（10^4～10^7倍）程度の質量をもつ巨大ブラックホールの合体からの重力波が観測されるでしょう。

このような観測が実現すると、巨大ブラックホールがどのような合体の歴史を辿り、巨大に成長したのかが明らかになると期待されています。また、多くの巨大ブラックホールは降着円盤をもっているため、このようなブラックホールが2つ合体すると、合体に至るプロセスや合体後に様々な電磁波シグナルが放たれる可能性もあります。つまり、巨大ブラックホールの合体はマルチメッセンジャー観測のターゲットなのです。

また、LISAが観測する重力波の周波数帯では、他にも様々な天体からの重力波が観測されることが予想されています。特に注目されているのが、銀河系の中にある白色矮星や中性子星を含む連星系からの重力波です。連星からの重力波は合体の瞬間にもっとも強くなりますが、LI

SAでは合体に至る前の連星からの重力波が観測できてしまうのです。観測できる天体数は数千天体にもなると予想されています。

白色矮星と白色矮星の連星はIa型超新星に至る重要な天体ですし（4章）、中性子星と中性子星の連星はもちろん高周波重力波観測のメインターゲットです（10章）。これらの天体が銀河系の中にどれぐらいあるかが分かると、超新星爆発や中性子星合体に至る天体の理解も大きく進むことが期待されます。

さらに、10^{-6} Hzより低い周波数でも重力波の検出が期待されています。これほど低い周波数の重力波を捉えるには、宇宙に存在するパルサーを用います。パルサーは回転する中性子星で、規則正しくシグナルを刻む天体でした。パルサーと地球の間を重力波が伝わると、規則正しいパルサーの

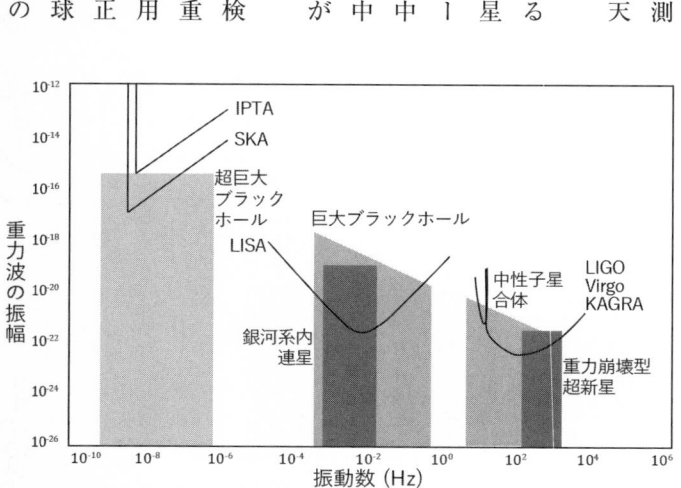

図 12-3　重力波望遠鏡の感度と天体現象からのシグナル

シグナルに変調が現れることが期待されます。そこで、多くのパルサーのシグナルを精密に監視することで、宇宙空間を伝わる重力波を検出するのです。人工衛星を使っても観測できない低周波の重力波を、宇宙に存在する天体を使って観測するというのは素晴らしいアイデアですね。この手法は「パルサータイミングアレイ」（PTA）と呼ばれています。パルサータイミングアレイでは、LISAで観測できるよりもさらに質量の大きなブラックホールが合体するときの重力波シグナルが検出できると期待されています（図12−3）。

さて、図12−3を見ると、LIGO、Virgo、KAGRAが観測する周波数と、LISAが観測する周波数の間に大きなギャップがあるのが分かります。この周波数領域の重力波観測も非常に重要で、LISAの時代の後を見越して、日本ではDECIGO（DECi-hertz Interferometer Gravitational wave Observatory）、ヨーロッパではDO（Decihertz Observatories）という望遠鏡が計画されています。デシ（deci）は10分の1を表す言葉で、どちらの計画も文字通り0.1Hz帯の重力波を観測する装置という意味です。

この周波数帯では、LIGOやLISAでは観測しづらい、太陽の100倍から1万倍（10^2〜10^4倍）程度の質量をもったブラックホールの合体を観測できることが予想されます。しかも、現在計画中の感度が達成されれば、宇宙誕生直後に生まれたブラックホールの合体も捉えられると期待されています。

このように、あらゆる周波数・波長の重力波を観測する「多波長重力波天文学」によって、宇宙の広い範囲で様々なブラックホールの数勘定が可能となり、太陽の10倍程度の質量のブラックホールから、どのように巨大なブラックホールができていくかが明らかになっていくでしょう。

また、0.1Hz帯の重力波観測はマルチメッセンジャー天文学にも大きな役割を果たします。LIGOなどで観測されている中性子星の合体やブラックホールの合体は、合体から数年前は0.1Hz程度の重力波を発しているはずです。つまり、0.1Hz帯では「合体しそうな」天体からの重力波を観測することができ、LIGOなどの周波数帯で重力波が観測される時期と場所の「予報」を出せるようになるのです。現在は、LIGOなどで重力波が観測された後に、電磁波の観測が始まりますが、多波長重力波観測によって合体の予報ができれば、電磁波の観測を待ち構えることができます。中性子星の合体は、合体の直前に電磁波を放つ可能性もあり、様々なマルチメッセンジャー天文学が可能になるでしょう。

最後に、0.1Hz帯の観測で見えてくる、全く新しい可能性も紹介したいと思います。それは「原始重力波」と呼ばれるものです。宇宙の始まりでは「インフレーション」と呼ばれる宇宙の急速な膨張が起きたと考えられています。インフレーション時に発生した重力波（原始重力波）を捉えることで、電磁波では見ることができない宇宙の始まりの情報を得ることができ

るのです。

原始重力波は広い周波数帯にわたって存在すると予想されていますが、LISAの周波数帯では、手前にある銀河系内の白色矮星の連星からの重力波の方が強く、原始重力波と区別することができません。これは太陽が明るい昼間に、遠くの星が見えないのと同じような状態です。しかし、0.1 Hz帯ではこのような問題が起きないため、インフレーションに起因する重力波が検出できると期待されています。本書では、特に天体起源の重力波に注目してきましたが、原始重力波の検出は物理学全体の重要な話題ですので、詳しくは『重力波とはなにか 「時空のさざなみ」が拓く新たな宇宙論』（安東正樹、ブルーバックス）をご参照ください。

12-2　全メッセンジャー天文学

これまでニュートリノと電磁波のマルチメッセンジャー天文学、そして重力波と電磁波のマルチメッセンジャー天文学の例を紹介してきました。最後に、重力波・ニュートリノ・電磁波の全てを使った「オールスター」のマルチメッセンジャー天文学への期待を紹介します。

そのもっとも有力な天体が超新星爆発です。これまで紹介した通り、大質量星が一生の最期に起こす重力崩壊型超新星では、爆発時に強い重力波とニュートリノが放たれることが予想されて

います（図12-4）。私たちの銀河系の中で超新星爆発が起きれば、現在稼働中の重力波、ニュートリノ観測装置でどちらのシグナルも観測できることが予想されています。銀河系で超新星爆発が起きるのは50年から100年に1回ですので、まさに「世紀の瞬間」となるでしょう。この世紀の瞬間に何が起きるかを見ていきましょう。

まず、最初に観測されると予想されるのがニュートリノです。重力崩壊によって星の中心にできる中性子星からは大量のニュートリノが放出されます。これらのニュートリノのエネルギーは1000万（10^7）電子ボルト程度で、例えば、現在稼働中のスーパーカミオカンデでは約5000個ものニュートリノが検出されるでしょう。SN 1987Aのときに観測されたニュートリノイベントは11個でしたので、まさに桁違いの数です。

ニュートリノに続いて観測されるのが重力波です。超新星の重力波はLIGO、Virgo、KAGRAの周波数帯で

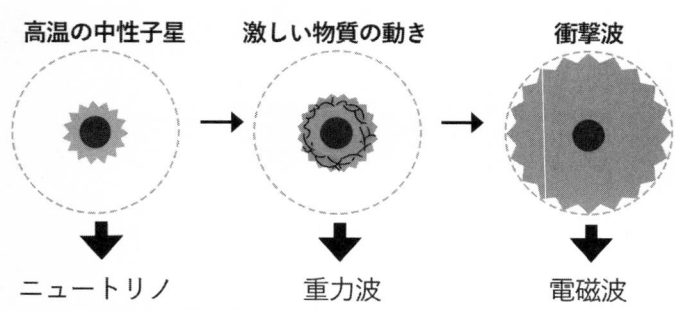

高温の中性子星	激しい物質の動き	衝撃波
↓	↓	↓
ニュートリノ	重力波	電磁波

図12-4　超新星爆発からのマルチメッセンジャーシグナル

もっともよく観測されることが期待されています。重力波は強い重力をもつ中性子星の周りの物質の運動によって発せられるため、爆発する星の中での物質の動きの情報を伝えてくれます。これらニュートリノと重力波の観測から、電磁波だけでは分からない星の中心部を見通すことができ、超新星爆発のメカニズムが明らかになると期待されます。

さらに、爆発した星の中心からは爆発の衝撃が外側に広がっていき、星の表面にたどり着くと星は超新星爆発として輝き出します。その時間差は星の大きさによって様々で、水素がなくなった星の爆発（Ib型、Ic型超新星）では数分程度、水素がある星の爆発（II型超新星）では1日程度です（SN 1987Aの場合はその中間の数時間でした）。つまり、ニュートリノと重力波を観測することができれば、超新星爆発が電磁波で輝き始める「予報」を出すことができます。予報が出ると、世界中の望遠鏡が超新星爆発を観測すべく、その予報の方向に向けられ、星がまさに爆発する瞬間が捉えられるでしょう。電磁波の観測からは、どのような星が爆発したのか、爆発によってどのような元素が合成されたのか、また爆発がどれぐらいのエネルギーをもっているかなどを知ることができます。

このような観測がいつ実現するかは正確には分かりません。10年後かもしれませんし、来年かもしれませんし、もしかしたら皆さんが本書を読んでいる最中かもしれません。銀河系の大きさは10万光年ですので、私たちが次に観測する超新星はすでに爆発しており、そのシグナルは太陽

系に向かって銀河系の中を進んでいる最中です。銀河系の大きさに比べると、私たちの「すぐそば」まで来ているともいえます。読者の皆さんも「オールスター」のマルチメッセンジャー天文学で、超新星爆発の全容が明らかになるのを楽しみにお待ちください。

では次に、中性子星合体はどうでしょうか？

これまで紹介した通り、中性子星合体は重力波天体として観測されます。また、合体直後には超新星爆発と同じぐらいの強さのニュートリノを放つことも予想されています。もし銀河系内で中性子星合体が起きれば、このニュートリノもスーパーカミオカンデで捉えることができるでしょう。つまり、中性子星合体も全てのマルチメッセンジャーシグナルで観測できるのです。しかし、残念ながら中性子星合体の頻度は超新星爆発よりも低く、1つの銀河で10万年に1回程度ですので、中性子星合体からのニュートリノと重力波、電磁波の全シグナルを観測する日はそれほど近くはなさそうです。

しかし、もう一つの可能性があります。10章では、中性子星合体イベントGW170817でガンマ線バーストが観測され、相対論的ジェットが作られたことを紹介しました。そのようなジェットをもつ天体では、高エネルギー粒子が作られ、高エネルギーニュートリノが放出されるかもしれません。このような高エネルギーニュートリノであれば、中性子星合体が銀河系外で起き

た場合でも、IceCubeのような巨大ニュートリノ観測所で観測できる可能性があります。中性子星合体がどれほど強い高エネルギーニュートリノを放出するかはまだ分かっていないため、銀河系内超新星と同様、いつ実現するかは分かりませんが、高エネルギーニュートリノ・重力波・電磁波のマルチメッセンジャー天文学の可能性として期待していただきたいと思います。

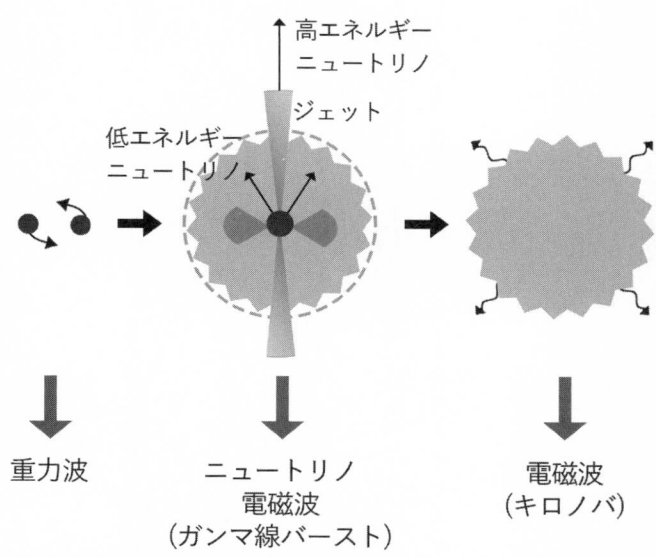

重力波　　　　ニュートリノ　　　　電磁波
　　　　　　　電磁波　　　　　（キロノバ）
　　　　　（ガンマ線バースト）

図12-5　中性子星合体からのマルチメッセンジャーシグナル

12-3 マルチメッセンジャーで見る宇宙

望遠鏡を使った天文学は17世紀、今から約400年前に始まりました。その後長らく、宇宙を見る手段は、私たちの目で捉えられる可視光に限られていました。

20世紀になると、より波長の長い赤外線や電波、そして波長の短いX線、ガンマ線の観測が行われるようになり、人類はあらゆる波長の電磁波で宇宙を観測できるようになりました。現在、「多波長天文学」は宇宙を調べる手段として当たり前となっています。

そして、20世紀後半には太陽と超新星からのニュートリノが観測され、ニュートリノ天文学が幕を開けました。さらに、21世紀に入って高エネルギーニュートリノの観測も実現したことで、ニュートリノ天文学はすでに「全エネルギーニュートリノ天文学」といえる時代に突入しています。

一方で、重力波の観測はまだ始まったばかりで、現在の観測は100Hz付近に限られています。しかし、本章で紹介した通り、将来には広い周波数帯での重力波観測が計画されており、「多波長重力波天文学」の時代がやってくるでしょう。

これまで本書で紹介してきたように、マルチメッセンジャー天文学によって、私たちは宇宙物

理学の様々な謎に迫ることができます（図12-6）。超新星爆発はその好例で、重力波とニュートリノによって、電磁波だけでは見通すことができなかった星の中心部を直接覗くことで、爆発のメカニズムが明らかになると期待されています。

また、重力波は中性子星合体の瞬間を教えてくれるため、マルチメッセンジャー天文学によって相対論的なジェットが生まれる瞬間を観測することが可能になりました。

さらに今後は、どのようにして超巨大ブラックホールが生まれ、合体時にどのような現象が起きるのかもマルチメッセンジャー天文学によって明らかになっていくでしょう。

また、マルチメッセンジャー天文学は宇宙の物質の起源を探る強力な手段であるともいえます（図12-7）。

超新星爆発では元素が合成され、宇宙空間に撒き散らされるため、超新星爆発のメカニズムの理解は、元素のルーツの理解と直結しています。また、10章で紹介した通り、中性子星合体は金やプラチナなどの重元素の起源かもしれません。

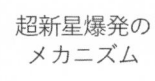

超新星爆発の
メカニズム

相対論的ジェットの
形成メカニズム

巨大ブラック
ホールの起源

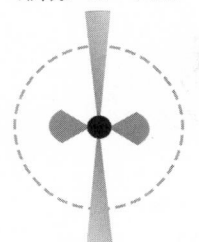

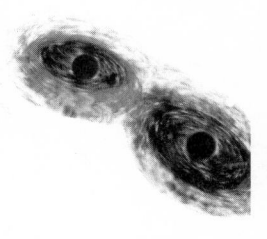

図12-6　マルチメッセンジャー天文学で迫る宇宙物理学の謎

さらに、高エネルギーニュートリノのマルチメッセンジャー観測からは、地球に絶えず降り注ぐ高エネルギー宇宙線の起源が明らかになるでしょう。

20世紀に「多波長天文学」が当たり前になったように、数十年後には、全エネルギーのニュートリノ、そして全波長の重力波の全てを駆使したマルチメッセンジャー天文学で宇宙を調べるのが当たり前になるでしょう。

そのような時代に、宇宙のどのような新しい姿が見えてきているのか、ぜひ楽しみにしていただければと思います。そして、宇宙の理解が進むことで、私たちは宇宙のさらに深遠な謎に直面することになるでしょう。いつかそのような新たな謎に向き合える日を楽しみにして、本書を閉じたいと思います。

超新星爆発   中性子星合体

炭素・酸素
ケイ素

鉄

金やプラチナ

図12-7　マルチメッセンジャー天文学で迫る物質の起源

あとがき

本書を最後まで読んでくださりありがとうございました。読者の皆さんにマルチメッセンジャー天文学の魅力が少しでも伝わっていれば幸いです。まえがきにも記した通り、私はマルチメッセンジャー天文学が花開いたこの時代に天文学の研究に携わることができ、とても幸運に思っています。本書は、少しでもその興奮や感動を多くの方と共有したいという思いを込めて執筆しました。

読者の皆さんにもマルチメッセンジャー天文学の醍醐味を体験していただくために、本書では宇宙に関して「分かっていなかったこと」、つまり「謎」を多く紹介しました。そして、それらの謎が、新しく可能になったマルチメッセンジャー天文学でどのように解かれていくかのプロセスや原理をなるべく詳細に書いたつもりです。その結果、縦書きの書籍にしては式や計算が多すぎたかもしれませんが、「少し計算してみると、より生き生きと分かる！」という感覚を楽しんでいただけていればうれしいです。

また、ふだん大学で教えていると、学生の皆さんが科学研究の現場を知る機会が少ないと感じることがあります。そこで、本書では科学的な内容だけでなく、私たち研究者がどのように研究

262

あとがき

に臨んでいるかというライブ感が伝わるように努めました。マルチメッセンジャー天文学という題材を通して、最新の天文学だけでなく、科学の研究そのものに興味をもつきっかけに貢献することができていれば、それほどうれしいことはありません。

マルチメッセンジャー天文学はまだ始まったばかりです。今後10年程度で、重力波やニュートリノの観測はますます進展することが期待されています。今後10年で大きく研究が進み、本書で紹介した内容を大幅に書き換えなければいけない事態になることを楽しみにしたいと思います。そうなるよう、私たち研究者は日々研究に励んでいますので、読者の皆さんもマルチメッセンジャー天文学の今後にぜひ期待していただければと思います。

本書の内容は、多くの共同研究者の皆さんと行った研究がなければ書くことができませんでした。中性子星合体の研究では、川口恭平さん、柴田大さん、和南城伸也さん、関口雄一郎さん、仏坂健太さんに大変お世話になりました。また、加藤太治さん、中村信行さん、田沼肇さんには、中性子星合体がどう輝くかという問題に対して、原子物理学の観点から様々なことを教えていただきました。重力波天体の電磁波観測を実現できたのは、内海洋輔さん、冨永望さん、吉田道利さん、諸隈智貴さん、本原顕太郎さん、太田耕司さん、川端弘治さんをはじめとする、J-GEMグループの皆さんとの共同研究のおかげです。高エネルギーニュートリノ天体の物理に関しては、木村成生さん、村瀬孔大さんに数多くのことを教えていただきました。さらに、吉田滋

263

さん、石原安野さん、清水信宏さんとはニュートリノ天体の電磁波観測について多くの有用な議論をさせていただきました。このように多様な研究分野の方々と一緒に研究することができ、刺激をもらえるのがマルチメッセンジャー天文学の醍醐味でもあります。これら全ての皆さんに感謝いたします。また、東北大学で私と一緒に研究を進めてくれている学生のスマラニカ・バナジーさん、齋藤晟さん、土本菜々恵さん、野際洸希さん、長谷川樹さんにも感謝いたします。木村さん、齋藤さん、土本さん、野際さん、長谷川さんには、完成前の原稿を読んでもらい、多くの有用なコメントをいただきました。

講談社の柴崎淑郎さんには、最初に声をかけていただいてから約2年もの間、常に温かく励まし続けていただきました。マルチメッセンジャー天文学黎明期の記録を書物として残す機会を与えてくださり、心から感謝いたします。

最後に、いつもユーモアをもって私を和ませてくれる妻・未央に感謝します。

2021年10月　田中雅臣

さくいん

各章扉の絵と写真／1部扉・1章：ぜつえん、
　　　　　　　2章：Siggi、
　　　　　　　3章：watchara tongnoi、
　　　　　　　2部扉・4章 Ezume Images、
　　　　　　　5章：Peter Jurik、
　　　　　　　6章：sakkmesterke、
　　　　　　　3部扉：royyimzy、
　　　　　　　8章：meepoohyaphoto、
　　　　　　　4部扉・9章：Peter Jurik、
　　　　　　　12章：tsuneomp
　　　　　　　（すべて stock.adobe.com）

N.D.C.443　　269p　　18cm

ブルーバックス　B-2187

マルチメッセンジャー天文学が捉えた新しい宇宙の姿
宇宙の物質の起源に迫る

2021年12月20日　第1刷発行
2022年2月9日　第2刷発行

著者	田中雅臣	
発行者	鈴木章一	
発行所	株式会社講談社	
	〒112-8001 東京都文京区音羽2-12-21	
電話	出版	03-5395-3524
	販売	03-5395-4415
	業務	03-5395-3615
印刷所	（本文印刷）豊国印刷 株式会社	
	（カバー表紙印刷）信毎書籍印刷 株式会社	
製本所	株式会社国宝社	

ISBN978-4-06-526134-7

発刊のことば

科学をあなたのポケットに

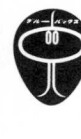

二十世紀最大の特色は、それが科学時代であるということです。科学は日に日に進歩を続け、止まるところを知りません。ひと昔前の夢物語もどんどん現実化しており、今やわれわれの生活のすべてが、科学によってゆり動かされているといっても過言ではないでしょう。

そのような背景を考えれば、学者や学生はもちろん、産業人も、セールスマンも、ジャーナリストも、家庭の主婦も、みんなが科学を知らなければ、時代の流れに逆らうことになるでしょう。

ブルーバックス発刊の意義と必然性はそこにあります。このシリーズは、読む人に科学的に物を考える習慣と、科学的に物を見る目を養っていただくことを最大の目標にしています。そのためには、単に原理や法則の解説に終始するのではなくて、政治や経済など、社会科学や人文科学にも関連させて、広い視野から問題を追究していきます。科学はむずかしいという先入観を改める表現と構成、それも類書にないブルーバックスの特色であると信じます。

一九六三年九月

野間省一